高等职业院校前沿技术专业特色教材

Photoshop CS5
实用教程

◎ 杨云江 丛书主编
　　徐雅琴 付云芸 主编
　　肖远征 陈远阳 袁仁明 张成城 杨俊 张晓瑛 副主编

清华大学出版社
北京

内 容 简 介

本书采用实战案例的方式全面介绍了 Photoshop CS5 的基本操作和综合应用技巧。全书包含11个项目，每个项目包含2~3个任务，共计30多个具有代表性的案例。本书选取的案例实用精巧，通俗易懂，案例的讲解层次分明，步骤详细。本书由一线教师集多年的教学经验和工作经验而编写，可以帮助读者快速掌握 Photoshop CS5 的基础知识，提高 Photoshop CS5 的操作技能，同时掌握 Photoshop CS5 的常用功能及操作技巧。本书配备有数字资源，其中包括素材库、彩色效果图、部分操作视频等，读者可扫描前言中的二维码免费下载使用。

本书可作为职业院校计算机、多媒体及平面设计相关专业的教材，也可作为广大平面设计爱好者和各类技术人员的自学用书，还可作为各类计算机培训班的培训教材。

本书封面贴有清华大学出版社防伪标签，无标签者不得销售。
版权所有，侵权必究。举报：010-62782989，beiqinquan@tup.tsinghua.edu.cn。

图书在版编目(CIP)数据

Photoshop CS5 实用教程/徐雅琴，付云芸主编. —北京：清华大学出版社，2020.10（2024.6重印）
高等职业院校前沿技术专业特色教材
ISBN 978-7-302-53551-5

Ⅰ. ①P… Ⅱ. ①徐… ②付… Ⅲ. ①图象处理软件－高等院校－教材 Ⅳ. ①TP391.413

中国版本图书馆 CIP 数据核字(2019)第 180066 号

责任编辑：张 弛
封面设计：刘 键
责任校对：袁 芳
责任印制：沈 露

出版发行：清华大学出版社
    网　　址：https://www.tup.com.cn，https://www.wqxuetang.com
    地　　址：北京清华大学学研大厦 A 座　　邮　　编：100084
    社 总 机：010-83470000　　邮　　购：010-62786544
    投稿与读者服务：010-62776969，c-service@tup.tsinghua.edu.cn
    质量反馈：010-62772015，zhiliang@tup.tsinghua.edu.cn
    课件下载：https://www.tup.com.cn，010-83470410
印 装 者：天津鑫丰华印务有限公司
经　　销：全国新华书店
开　　本：185mm×260mm　　印　　张：14.5　　字　　数：331 千字
版　　次：2020 年 10 月第 1 版　　印　　次：2024 年 6 月第 3 次印刷
定　　价：42.00 元

产品编号：071848-01

高等职业院校前沿技术专业特色教材

编审委员会

编委会顾问：
  谢 泉 民进贵州省委副主任委员、贵州大学大数据与信息工程学院院长、教授、博士生导师
  崔邦军 贵州电子信息职业技术学院院长、教授
  董 芳 贵州工业职业技术学院院长、教授
  刘 猛 贵州机电职业技术学院院长、副教授
  陈文举 贵州大学职业技术学院院长、教授
  肖迎群 贵州理工学院大数据学院院长、博士、教授、硕士生导师
  肖利平 贵州理工学院继续教育学院副院长、教授
  郑海东 贵州电子信息职业技术学院副院长、副教授
  张仁津 贵州师范大学大数据学院院长、教授、硕士生导师

编委会主任兼丛书主编：
  杨云江 贵州理工学院信息网络中心副主任、教授、硕士生导师

编委会副主任（排名不分先后）：
王正万	杨　前	王佳祥	王仕杰
王白秀	程仁芬	王爱红	米树文
陈　建	李　鑫	侯　宇	唐　俊
姚会兴	徐雅琴		

编委会成员（排名不分先后）：
刘桂花	李　娟	钟国生	钟兴刚
张洪川	龚良彩	甘进龙	郭俊亮
谭　杨	李　萍	陈海英	黎小花
冯　成	李　力	莫兴军	石齐钧
刘　睿	李吉桃	周云竹	兰晓天
包大宏	任　桦	王正才	袁雪梦
任丽娜	杨汝洁	田　忠	文正昌
张成城	付云芸		

丛书序 PREFACE

多年来,党和国家在重视高等教育的同时,给予了职业教育更多的关注,2002年和2005年国务院先后两次召开了全国职业教育工作会议,强调要坚持大力发展职业教育。2005年下发的《国务院关于大力发展职业教育的决定》,更加明确了要把职业教育作为经济社会发展的基础和教育工作的战略重点。党和国家领导人多次对加强职业教育工作做出重要指示。党中央、国务院关于职业教育工作的一系列重要指示、方针和政策,体现了国家对职业教育的高度重视,为职业教育指明了发展方向。

高等职业教育是职业教育的重要组成部分。由于高等职业学校着重于学生技能的培养,学生动手能力较强,因此其毕业生越来越受到各行各业的欢迎和关注,就业率连续多年都保持在90%以上,从而促使高等职业教育呈快速增长的趋势。自1996年开展高等职业教育以来,高等职业院校的招生规模不断扩大,发展迅猛,仅2019年就扩招了100万人,目前,全国共有高等职业院校1300多所,在校学生人数已达1000万。

质量要提高、教学要改革,这是职业教育教学的基本理念,为了达到这个目标,除了要打造良好的学习环境和氛围、配备优秀的管理队伍、培养优秀的师资队伍和教学团队外,还需要高质量的、符合高职教学特点的教材。根据这一需求,丛书编审委员会以贵州省建设大数据基地为契机,组织贵州、云南、山西等省的二十多所高等职业院校的一线骨干教师,经过精心组织、充分酝酿,并在广泛征求意见的基础上编写出这套以计算与大数据方向、智能科学与人工智能方向、电子商务与物联网方向、数字媒体与虚拟现实方向的"高等职业院校前沿技术专业特色教材"系列丛书,以期为推动高等职业教育教材改革做出积极而有益的实践。

按照高等职业教育新的教学方法、教学模式及特点,我们在总结传统教材编写模式及特点的基础上,对"项目—任务驱动"的教材模式进行了拓展,以"项目+任务导入+知识点+任务实施+上机实训+课外练习"的模式作为本套丛书主要的编写模式,同时还有针对以实用案例导入进行教学的"项目—案例导入"结构的拓展模式,即"项目+案例导入+知识点+案例分析与实施+上机实训+课外练习"的编写模式。

丛书具有如下主要特色。

特色之一：本套丛书涵盖了全国应用型人才培养信息化前沿技术的四大主流方向：云计算与大数据方向、智能科学与人工智能方向、电子商务与物联网方向、数字媒体与虚拟现实方向。

特色之二：注重理论与实践相结合，强调应用型本科及职业院校的特点，突出实用性和可操作性。丛书的每本教材都含有大量的应用实例，大部分教材都有1～2个完整的案例分析，旨在帮助学生在学完一门课程后，能将所学的知识运用到相关工作中。

特色之三：丛书的每本教材的内容全面且完整、结构安排合理、图文并茂。文字表达清晰、通俗易懂、内容循序渐进，旨在很好地帮助学生学习和理解教材的内容。

特色之四：丛书的每本教材的主编及参编者都是从事高等职业院校前沿技术专业教学多年的教师，具有较深的理论知识，并具有丰富的教学经验。本套丛书就是这些教师多年教学经验的结晶。

特色之五：本丛书的编委会成员由高校及职业教育的专家、学者及领导组成，能很好地保证教材的质量。

特色之六：丛书引入出版业最新技术"数字资源技术"，将主要彩色图片、动画效果、程序运行效果、工具软件的安装过程以及辅助参考资料都以二维码呈现在书中。

每本教材都对主要的专业术语进行了注释。这两个附录对于初学者以及职业院校的学生理解教材的内容是十分有用的。

每本教材的主编、副主编及参编者都是来自高等职业学校的一线骨干教师，他们长期从事相关课程的教学、研究工作，具有丰富的高等职业教育的教学经验和实验指导经验，本套丛书就是这些教师多年教学经验和心得体会的结晶。此外，本套丛书由多名本科院校和高等职业院校的专家、学者和领导组成丛书编审委员会，负责对教材的结构、内容和质量进行指导和审查，以确保教材的编写质量。

希望本套丛书的出版能为我国高等职业教育尽微薄之力，更希望能给高等职业院校的教师和学生带来新的感受和帮助。

民进贵州省委副主任委员、贵州大学大数据与信息工程学院院长、教授、博士生导师、丛书编委会顾问 谢泉

2020年5月

本书全面系统地介绍了 Photoshop CS5 的基本操作方法和图形图像处理技巧,包括初识 Photoshop CS5、创建与编辑选区、绘制图像、图像的色彩和色调调整、编辑与修饰图像、认识与应用图层、认识与应用路径和文字、认识与应用通道和蒙版、认识与应用滤镜、制作与应用 3D 动画、室内外效果图的后期处理与制作等内容。

本书的特点如下。

1. 任务引领,知识总结,实训巩固

本书以任务的形式提出,选择具有代表性、实用性的实例导入,在分析任务的基础上,详细描述具体操作步骤,然后介绍相关知识点和功能,使读者在操作过程中能理解知识、掌握技能。本书还配备相应的上机实训、课后练习和指导,读者可以在学习完新知识后进行实操,达到熟悉巩固的目的。

2. 注重实用性和应用能力的培养

本书内容简洁明了,从实用的角度出发,选取的任务和实训都具有典型性和代表性。注重培养解决问题、处理问题的实操能力。

3. 由浅入深、循序渐进

本书内容由浅入深、循序渐进。任务完成步骤描述条理清楚、详尽。

4. 配套资源完善

本书提供完善的数字资源供读者使用。除提供任务、实训、课后练习的全部素材外,还提供 Photoshop CS5 安装过程视频、项目 10 任务 2 实施效果及制作过程视频、项目 11 任务 1 和任务 2 实施效果及制作过程视频。

本书由山西省中医学校的徐雅琴老师、贵州建设职业技术学院的付云芸老师主编,副主编由太原市财政金融学校的肖远征老师、广西广播电视学校的陈远阳老师、贵州省三穗县职业教育培训中心的袁仁明老师、河北省沧州市职业技术教育中心的张成城老师、贵州建设职业技术学院的杨俊老师、山西省中医学校的张晓瑛老师担任。贵州理工学院的杨云江教授担任总主编,负责书稿的结构、内容的组织、规划与设计、目录的审定以及内容的初审工作。

项目 1 由张晓瑛编写；项目 2 由吴昀、陈枝亮编写；项目 3 由李绍峰、翟新梅、郭继红和赵艺旋编写；项目 4 由梁瀚松和陈亮编写；项目 5 由招玉虹编写；项目 6 由潘烁、孔令珠和杨晋妍编写；项目 7 由袁仁明、范丽瑛和李改娟编写；项目 8 由肖远征、范丽瑛、徐雅琴、张成城和李杰编写；项目 9 由陈远阳和刘延梅编写；项目 10 由王义洁编写；项目 11 由付云芸、周侣羊、杜引弟和杨俊编写；全书由徐雅琴统稿。

由于编者水平有限，书中难免有疏漏和不足之处，敬请广大读者批评、指正。

编　者

2020 年 6 月

教学素材资源

注：本书素材、效果图、教学课件及部分操作视频请用微信扫描以上二维码使用。

目 录 CONTENTS

项目 1 初识 Photoshop CS5 ……………………………………… 1

1.1 任务导入与问题的提出 …………………………………… 1
    1.1.1 任务导入 ………………………………………… 1
    1.1.2 问题与思考 ……………………………………… 2

1.2 知识点 …………………………………………………… 2
    1.2.1 图像处理的基础知识 …………………………… 2
    1.2.2 Photoshop CS5 基本操作 ……………………… 4
    1.2.3 图像的像素、分辨率与位深度 ………………… 9
    1.2.4 图像的色彩模式 ………………………………… 11
    1.2.5 图像文件的常用存储格式 ……………………… 12

1.3 任务实施步骤 …………………………………………… 13
    1.3.1 任务 1 的实施：认识 Photoshop CS5 的工作界面 ……… 13
    1.3.2 任务 2 的实施："建立一个简单图像"的制作步骤 ……… 15
    1.3.3 任务 3 的实施："认识位图及矢量图"的制作步骤 ……… 16

1.4 上机实训 ………………………………………………… 16
    1.4.1 实训 1：创建、修改并保存你的第一个 Photoshop 作品 ……… 16
    1.4.2 实训 2：转换图像文件格式 …………………… 17
    1.4.3 实训 3：优化 Photoshop CS5 工作环境 ……… 17

项目 2 创建与编辑选区 ……………………………………… 18

2.1 任务导入与问题的提出 …………………………………… 18
    2.1.1 任务导入 ………………………………………… 18
    2.1.2 问题与思考 ……………………………………… 19

2.2 知识点 …………………………………………………… 19
    2.2.1 常用选区工具 …………………………………… 19
    2.2.2 套索工具和魔棒工具 …………………………… 21
    2.2.3 选区的创建 ……………………………………… 21

  2.2.4 选区的编辑 ………………………………………………… 24
  2.2.5 选区的填充 ………………………………………………… 24
 2.3 任务实施步骤 ……………………………………………………… 26
  2.3.1 任务 1 的实施："圆柱体"的制作步骤 ……………………… 26
  2.3.2 任务 2 的实施："照片边框"的制作步骤 …………………… 29
  2.3.3 任务 3 的实施："创建照片虚化效果"的制作步骤 ………… 31
 2.4 上机实训 …………………………………………………………… 33
  2.4.1 实训 1：制作"中国银行"标志图案 ………………………… 33
  2.4.2 实训 2：制作"太极图"标志图案 …………………………… 34

项目 3 绘制图像 …………………………………………………………… 35

 3.1 任务导入与问题的提出 …………………………………………… 35
  3.1.1 任务导入 …………………………………………………… 35
  3.1.2 问题与思考 ………………………………………………… 35
 3.2 知识点 ……………………………………………………………… 36
  3.2.1 绘图的基本知识及工具 …………………………………… 36
  3.2.2 设置画笔的基本样式 ……………………………………… 36
  3.2.3 使用画笔面板 ……………………………………………… 39
 3.3 任务实施步骤 ……………………………………………………… 44
  3.3.1 任务 1 的实施："绘制三原色混色图"的制作步骤 ………… 44
  3.3.2 任务 2 的实施："绘制一张邮票"的制作步骤 ……………… 45
  3.3.3 任务 3 的实施："绘制一张音乐贺卡"的制作步骤 ………… 48
 3.4 上机实训 …………………………………………………………… 50
  3.4.1 实训 1：绘制一张新年贺卡 ………………………………… 50
  3.4.2 实训 2：绘制立体圆球 ……………………………………… 51

项目 4 图像的色彩和色调调整 ………………………………………………… 53

 4.1 任务导入与问题的提出 …………………………………………… 53
  4.1.1 任务导入 …………………………………………………… 53
  4.1.2 问题与思考 ………………………………………………… 53
 4.2 知识点 ……………………………………………………………… 54
  4.2.1 图像的色彩调整 …………………………………………… 54
  4.2.2 图像的色调调整 …………………………………………… 55
  4.2.3 图像的特殊色调调整 ……………………………………… 59
 4.3 任务实施步骤 ……………………………………………………… 60
  4.3.1 任务 1 的实施："云雾黄山海报"的制作步骤 ……………… 60
  4.3.2 任务 2 的实施："水彩图像"的制作步骤 …………………… 61
  4.3.3 任务 3 的实施："转换照片效果"的制作步骤 ……………… 63

4.4　上机实训 ·· 67
　　　　4.4.1　实训1：制作一张秋景图 ·· 67
　　　　4.4.2　实训2：制作一张灰旧风格的老照片 ···································· 68

项目5　编辑与修饰图像 ·· 69
　　5.1　任务导入与问题的提出 ·· 69
　　　　5.1.1　任务导入 ·· 69
　　　　5.1.2　问题与思考 ·· 69
　　5.2　知识点 ·· 70
　　　　5.2.1　Photoshop图像的基本编辑与操作 ······································ 70
　　　　5.2.2　裁切与变换图像 ·· 74
　　　　5.2.3　细节修饰图像 ·· 79
　　　　5.2.4　细节修复图像 ·· 83
　　5.3　任务实施步骤 ·· 88
　　　　5.3.1　任务1的实施："大树倒影效果图"的制作步骤 ···························· 88
　　　　5.3.2　任务2的实施："漂移陆地效果图"的制作步骤 ···························· 91
　　　　5.3.3　任务3的实施："修复一张人物图像"的制作步骤 ·························· 99
　　5.4　上机实训 ··· 101
　　　　5.4.1　实训1：修复一张老照片 ·· 101
　　　　5.4.2　实训2：制作一张证件照 ·· 101
　　　　5.4.3　实训3：制作儿童相册 ·· 102

项目6　认识与应用图层 ··· 104
　　6.1　任务导入与问题的提出 ··· 104
　　　　6.1.1　任务导入 ··· 104
　　　　6.1.2　问题与思考 ··· 105
　　6.2　知识点 ··· 105
　　　　6.2.1　图层的基本概念与图层的基本操作 ····································· 105
　　6.3　任务实施步骤 ··· 106
　　　　6.3.1　任务1的实施："水晶按钮"的制作步骤 ································· 106
　　　　6.3.2　任务2的实施："照片叠加效果"的制作步骤 ····························· 109
　　　　6.3.3　任务3的实施："钻石字效果"的制作步骤 ······························· 112
　　6.4　上机实训 ··· 117
　　　　6.4.1　实训：制作"奥运五环"效果图 ·· 117

项目7　认识与应用路径和文字 ··· 121
　　7.1　任务导入与问题的提出 ··· 121
　　　　7.1.1　任务导入 ··· 121

7.1.2 问题与思考 …………………………………………………………… 121
7.2 知识点 …………………………………………………………………………… 122
7.2.1 认识路径及其功能 ……………………………………………………… 122
7.3 任务实施步骤 …………………………………………………………………… 124
7.3.1 任务1的实施:"一个西红柿"的制作步骤 …………………………… 124
7.3.2 任务2的实施:环保海报"秀美黔中游"的制作步骤 ……………… 126
7.3.3 任务3的实施:"带倒影的文字"的制作步骤 ………………………… 129
7.4 上机实训 ………………………………………………………………………… 132
7.4.1 实训1:制作一张公益海报 …………………………………………… 132
7.4.2 实训2:制作一张圣诞贺卡 …………………………………………… 134

项目8 认识与应用通道和蒙版 …………………………………………………… 139

8.1 任务导入与问题提出 …………………………………………………………… 139
8.1.1 任务导入 ………………………………………………………………… 139
8.1.2 问题与思考 ……………………………………………………………… 139
8.2 知识点 …………………………………………………………………………… 140
8.2.1 蒙版的基本概念与基本操作 …………………………………………… 140
8.2.2 通道的基本概念与操作 ………………………………………………… 143
8.3 任务实施步骤 …………………………………………………………………… 146
8.3.1 任务1的实施:"带文字的砖墙"的制作步骤 ………………………… 146
8.3.2 任务2的实施:"灯光黄金字"的制作步骤 …………………………… 149
8.3.3 任务3的实施:"更换照片背景(加相框)"的制作步骤 …………… 151
8.4 上机实训 ………………………………………………………………………… 155
8.4.1 实训1:制作"云中人"效果图 ………………………………………… 155
8.4.2 实训2:制作"双胞胎"效果图 ………………………………………… 156

项目9 认识与应用滤镜 ……………………………………………………………… 157

9.1 任务导入与问题的提出 ………………………………………………………… 157
9.1.1 任务导入 ………………………………………………………………… 157
9.1.2 问题与思考 ……………………………………………………………… 157
9.2 知识点 …………………………………………………………………………… 158
9.2.1 滤镜的基本概念与使用特点 …………………………………………… 158
9.2.2 滤镜的操作 ……………………………………………………………… 158
9.3 任务实施步骤 …………………………………………………………………… 169
9.3.1 任务1的实施:"燃烧的文字"的制作步骤 …………………………… 169
9.3.2 任务2的实施:"树叶上的水珠"的制作步骤 ………………………… 169
9.3.3 任务3的实施:"水墨画"的制作步骤 ………………………………… 170
9.4 上机实训 ………………………………………………………………………… 173

  9.4.1 实训 1：制作全景效果的城市风景图片 …………………………… 173

  9.4.2 实训 2：制作闪电 …………………………………………………… 173

项目 10 制作与应用 3D 动画 ………………………………………………………… 174

 10.1 任务导入与问题提出 ……………………………………………………………… 174

  10.1.1 任务导入 …………………………………………………………… 174

  10.1.2 问题与思考 ………………………………………………………… 174

 10.2 知识点 ……………………………………………………………………………… 175

  10.2.1 3D 基本概念、功能与应用 ……………………………………… 175

  10.2.2 动画的基本概念与制作 …………………………………………… 186

 10.3 任务实施步骤 ……………………………………………………………………… 190

  10.3.1 任务 1 的实施："立体字效果图"的制作步骤 …………………… 190

  10.3.2 任务 2 的实施："飘雪动画图"的制作步骤 ……………………… 195

 10.4 上机实训 …………………………………………………………………………… 199

项目 11 室内外效果图的后期处理与制作 ………………………………………………… 200

 11.1 任务导入与问题的提出 …………………………………………………………… 200

  11.1.1 任务导入 …………………………………………………………… 200

  11.1.2 问题与思考 ………………………………………………………… 200

 11.2 知识点 ……………………………………………………………………………… 201

  11.2.1 Photoshop 后期处理的作用 ……………………………………… 201

  11.2.2 室内户型平面图的制作要点 ……………………………………… 201

  11.2.3 效果图后期处理的技巧和原则 …………………………………… 201

  11.2.4 夜景效果图后期处理的技巧 ……………………………………… 202

 11.3 任务实施步骤 ……………………………………………………………………… 202

  11.3.1 任务 1 的实施："室内户型平面图"的制作步骤 ………………… 202

  11.3.2 任务 2 的实施："夜景效果图"的制作步骤 ……………………… 210

 11.4 上机实训 …………………………………………………………………………… 216

  11.4.1 实训 1：制作小区室内户型图 …………………………………… 216

  11.4.2 实训 2：制作别墅效果图 ………………………………………… 217

参考文献 ………………………………………………………………………………………… 218

初识 Photoshop CS5

Photoshop 是目前应用最广泛的图像处理软件之一，由 Adobe 公司出品。公司英文全称是 Adobe Systems Incorporated，创建于 1982 年，是广告、印刷、出版和 Web 领域首屈一指的图形设计、出版和成像软件设计公司，同时也是世界上第二大桌面软件公司。Photoshop CS5 是 Photoshop CS 的第 5 个版本，具有强大的图像编辑功能，因此被广泛应用于手绘、平面广告设计、网页设计、海报、三维建筑效果图后期处理、数码相片处理等诸多领域。从本项目开始，我们将带领大家探索 Photoshop CS5 的奥秘，掌握它的使用方法。

本章主要内容

- Photoshop CS5 基本操作。
- 图像的像素、分辨率与位深度。
- 图像的色彩模式。
- 图像文件的常用存储格式。

能力培养目标

要求学生了解图像处理的基础知识，熟练掌握 Photoshop CS5 工作界面和基本操作。培养学生能熟练地运用 Photoshop CS5 制作效果图的能力，并能在实际工作中得到应用。

1.1 任务导入与问题的提出

1.1.1 任务导入

任务 1：认识 Photoshop CS5 的工作界面

认识 Photoshop CS5 的工作界面，设计效果图如【二维码 1-1】（见前言二维码，下同）所示。

任务 2：建立一个简单图像

建立一个简单图像文件，设计效果图如【二维码 1-2】所示。

任务 3：认识位图及矢量图

认识位图及矢量图，设计效果图如【二维码 1-3】和【二维码 1-4】所示。

1.1.2 问题与思考

- Photoshop CS5 工作界面由哪几部分构成，分别有什么作用？
- Photoshop CS5 中如何创建并保存一个 Photoshop 作品？
- 什么是位图及矢量图？什么是像素和分辨率、位深度？
- Photoshop CS5 中图像文件格式有哪些优点？
- Photoshop CS5 中色彩模式有哪些？

1.2 知 识 点

1.2.1 图像处理的基础知识

1. Photoshop CS5 的安装与卸载

在使用软件之前，首先需要安装 Photoshop CS5。安装过程见【二维码 1-8】视频。

2. Photoshop CS5 的工作界面

(1) 安装好 Photoshop CS5 之后，可以通过两种方法启动它。选择【开始】|【所有程序】|【Adobe Photoshop CS5】菜单命令，或者双击桌面图标 来启动程序。

当应用完 Photoshop CS5 程序后，可以通过以下两种方式退出。单击标题栏右上角【关闭】按钮，或者选择【文件】|【退出】菜单命令。

(2) Photoshop CS5 的工作界面包括标题栏、菜单栏、属性栏、工具箱、图像预览窗口、状态栏及面板等组件，如图 1-1 所示。

① 标题栏：位于窗口最顶端，可以调整窗口大小，将窗口最小化、最大化或关闭，还可以直接访问 Bridge、切换工作区等。

② 菜单栏：位于标题栏下方，Photoshop CS5 的主要功能命令包含其中，包括 11 个菜单，分别是文件、编辑、图像、图层、选择、滤镜、分析、3D、视图、窗口和帮助菜单，要完成命令，只需单击各个菜单命令选项。

③ 属性栏：位于菜单栏下方，主要用于显示当前所选择工具的属性，根据工具的不同，选项显示内容会进行调整。图 1-2 所示为【套索工具】的属性栏。

④ 工具箱：位于界面的左侧，它提供了 70 多种工具，如图 1-3 所示。工具箱有"单长条"和"短双条"两种显示方式，在工具箱顶端单击 按钮，即可切换。要使用某一工具进行编辑，在工具箱中单击该工具即可。另外，部分工具右下角会有一个倾斜三角，单击按住该工具不放可以显示该工具隐藏的工具，如图 1-4 所示为【画笔工具】隐藏的工具。在工具箱的底部还包含了当前前景色和背景色的设置，以及快速蒙版的编辑按钮。

⑤ 图像预览窗口：用来显示、编辑和浏览图像文件。一般情况下，Photoshop 使用选项卡的形式来显示图像文件，每个图像都有自己的标签，标签显示了图像名称、显示比例、色彩模式和通道等信息。当用户打开多个图像文件时，可以通过单击标签来切换不同图像。

项目1 初识 Photoshop CS5

图 1-1 Photoshop CS5 工作界面

图 1-2 【套索工具】属性栏

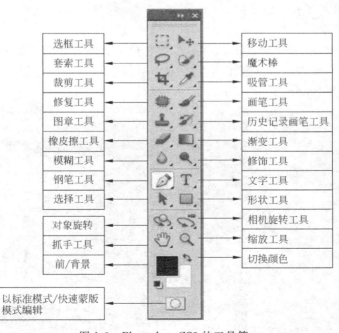

图 1-3 Photoshop CS5 的工具箱

图 1-4 【画笔工具】隐藏的工具

⑥ 状态栏：与普通 Windows 窗口一样，显示当前打开图像文件的一些相关信息。

⑦ 面板：位于工作界面右侧，如图 1-5 所示。该区域主要用于排列和显示 Photoshop CS5 软件中的功能面板。共有 24 个面板，在菜单栏的【窗口】菜单中单击所需控制面板的名称即可显示相应的控制面板，此时控制面板名称左侧会显示√。

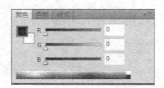

图 1-5 各种面板

1.2.2 Photoshop CS5 基本操作

1. 文件管理操作

图像文件的操作主要包括新建、打开、保存、关闭和置入等操作。掌握这些操作可以为以后的图像处理工作奠定基础。

（1）新建图像

启动 Photoshop CS5 后，Photoshop CS5 窗口中是没有任何图像的。通过新建图像文件，可以对该图像进行编辑修饰。

① 首先打开 Photoshop CS5，如图 1-6 所示。

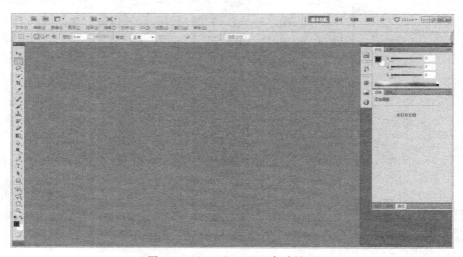

图 1-6 Photoshop CS5 启动界面

② 然后选择【文件】|【新建】菜单命令或按 Ctrl＋N 组合键,弹出【新建】对话框,根据【新建】对话框,设定新建图像文件的名称、宽度、高度、分辨率、颜色模式、背景内容,如图 1-7 所示。

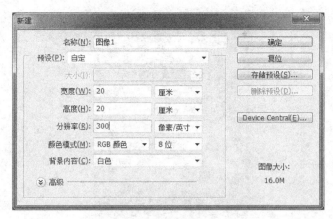

图 1-7　【新建】对话框

③ 全部设置好后,单击【确定】按钮,新建成所需图像文件。

(2) 打开图像

要对图像进行编辑,必须先打开它。

① 启动 Photoshop CS5 后,选择【文件】|【打开】菜单命令或按 Ctrl＋O 组合键,弹出【打开】对话框,在【查找范围】选择目标文件的存储位置,单击"小花.jpg",如图 1-8 所示。

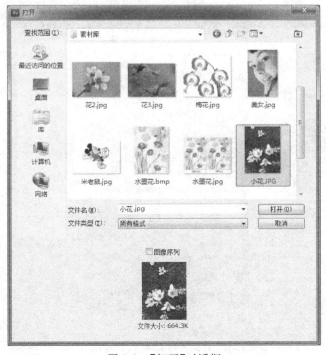

图 1-8　【打开】对话框

② 然后单击【打开】按钮，打开的图像文件如图1-9所示。

图1-9　打开的"小花.jpg"图像

(3) 保存图像

对图像进行编辑修饰之后，就需要保存，以备后用。

① 选择【文件】|【存储为】菜单命令，弹出【存储为】对话框，如图1-10所示。

图1-10　存储"小花2.jpg"图像

② 在【保存在】下拉框中选择存储的位置，在【文件名】框中输入新文件名"小花 2.jpg"，单击【格式】下拉列表框中选择所需要保存的格式即可。

（4）关闭图像

完成图像编辑后，可以通过单击图像编辑窗口右上角【关闭】按钮 ❌ 来关闭图像，或者通过选择【文件】|【关闭】菜单命令完成。

（5）置入图像

在 Photoshop CS5 中，可以将另一个图像文件插入当前图像中。选择【文件】|【置入】菜单命令，弹出【置入】对话框，如图 1-11 所示，选择一个图像文件，单击【置入】按钮，此时在图像窗口将出现一个浮动的对象控制框，如图 1-12 所示，用户可以改变它的位置、大小和方向，完成调整后双击或按 Enter 键确认插入，如图 1-13 所示。

图 1-11 【置入】对话框

图 1-12 浮动的对象控制框

图 1-13　置入图像

2. 图像操作

（1）图像窗口显示

在运用 Photoshop CS5 时，用户常常需要打开多个图像文件进行编辑或者同步比较，使用鼠标依次单击每个图像对应的选项卡显然效率低下，这里可以通过单击标题栏中的【排列文档】按钮 ，在下拉的菜单中选择合适的图像窗口排列方式，包括双联、三联、四联、五联等，如图 1-14 所示为【双联】图像排列。还可以通过选择【窗口】|【排列】|【排列】菜单命令完成。

图 1-14　【双联】图像排列窗口

（2）图像与画布大小的调整

为了使图像大小更符合实际需要，可调整图像的像素或画布大小。选择【图像】|【图像大小】菜单命令，弹出【图像大小】对话框，如图 1-15 所示。在该对话框中不仅可以查看当前图像文件的信息，还可以更改图像文件的像素和尺寸。

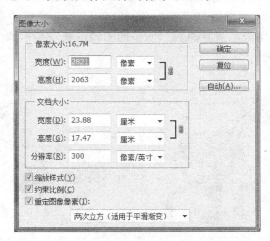

图 1-15 【图像大小】对话框

查看图像的画布大小或更改图像画布尺寸，可选择【图像】|【画布大小】菜单命令，弹出【画布大小】对话框，如图 1-16 所示。在该对话框中可扩展画布尺寸，也可将画布裁切到合适的大小，扩展的画布与背景的颜色或透明度相同。

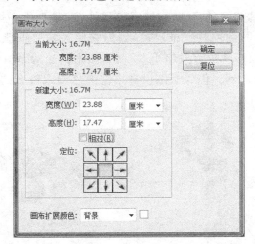

图 1-16 【画布大小】对话框

1.2.3 图像的像素、分辨率与位深度

1. 位图

位图也称点阵图，是由很多像素点组合而成的图像。像素是组成图像的基本元素。

每一个像素都记录着图像的颜色信号及位置,像素通常排列成行或列形成图像。如果一个图像包含的像素越多,密度越大,图像的效果就越好。正如我们所看到的位图图像的像素非常多而且小,所以看起来仍然是很细腻的图像。而当放大位图,组成位图图像的像素点也在放大,可以看到无数方块状像素,从而使线条和颜色出现参差不齐,这种现象也称作马赛克效果,如图1-17和图1-18所示。通常Photoshop处理的图像都是位图图像,像素的数目和密度越高,图像越清晰逼真。而位图图像的缺点是不能随意放大图像,否则会出现类似马赛克的效果。

图1-17 原始位图图像

图1-18 位图图像局部放大后显示效果

2. 矢量图

矢量图也称向量图,是以数学向量方式记录图像的,是一系列由线连接的点。矢量图可以随意地放大或缩小,而不会使图像失真或者影响其清晰度。矢量图像中图形元素称为对象,每一个对象都具有颜色、形状和位置等属性,都是自成一体的实体。所以矢量图形适合于以线条为主的图例以及三维建模,因为它们通常要求能创建和操作单个对象。矢量图像与分辨率无关,不管放大或缩小多少倍,图形的边缘都光滑,看到的图形依然清晰,如图1-19和图1-20所示。但矢量图没有丰富的色调或较多的图像细节,无法像位图那样精确表现各种景象。

图1-19 原始矢量图像

图1-20 矢量图像局部放大后显示效果

3. 分辨率

分辨率是指图像文件单位长度内包含的点或像素的数目,分辨率通常以像素/英寸

(pixel/inch)来表示,简称 PPI(pixels per inch)。例如,100PPI 表示每英寸包含 100 个像素点,300PPI 表示每英寸包含 300 个像素点。在 Photoshop 中,图像的分辨率和图像的宽、高尺寸共同决定了图像文件的大小及图像质量。例如,一幅图像宽 8 英寸、高 6 英寸,分辨率为 100PPI,如果保持图像文件的大小不变,也就是总的像素数不变,将分辨率降为 50PPI,在宽高比不变的情况下,图像的宽将变为 16 英寸、高将变为 12 英寸。

对于计算机的显示系统来说,一幅图像的 PPI 值是没有意义的,起作用的是这幅图像所包含的总的像素数,也就是分辨率的另一种表示方法:水平方向的像素数×垂直方向的像素数。这种分辨率表示方法同时也表示了图像显示时的宽高尺寸。前面所讲的 ppi 值变化前后的两幅图,它们总的像素数都是 800×600,因此在显示时是分辨率相同、幅面不同的两幅图像,既反映了图像的精细程度,又给出了图像的大小。通常情况下,分辨率越大,包含的像素数目越多,图像越清晰。图 1-21～图 1-23 为相同打印尺寸不同分辨率的三幅图像,不难看出,低分辨率的图像较模糊,而高分辨的图像更清晰。

图 1-21　分辨率 36 像素　　　图 1-22　分辨率 72 像素　　　图 1-23　分辨率 150 像素

4. 位深度

在记录数字图像的颜色时,计算机实际上是用每个像素需要的位深度来表示的。"位"(bit)是计算机存储器里的最小单元,它用来记录每一个像素颜色的值。计算机之所以能够显示颜色,是采用了"位"(bit)为记数单位来记录所表示颜色的数据。图像的色彩越丰富,"位"就越多。每一个像素在计算机中所使用的这种位数就是"位深度"。

1.2.4　图像的色彩模式

Photoshop 中可以自由转换图像的各种色彩模式。色彩模式是指颜色的不同组合方式,决定了所处理图像的颜色方法。每一种模式所包含的颜色范围以及其特性都存在差异,使用时可按照制作要求来确定色彩模式,也可根据需要转换不同的色彩模式。

下面介绍几种常用的色彩模式。

1. RGB 模式

RGB 模式是 Photoshop 默认的颜色模式,是以原色红(R)、绿(G)、蓝(B)为基本颜色,通过对三种颜色的变化以及他们相互叠加得到各种颜色,基本覆盖了人类视力所能感知的所有颜色,是目前最常用的模式之一。RGB 颜色模型为图像中每一个像素的 R、G 和 B 都分配了 0～255 范围内的强度值。当 RGB 色彩数值都为 0 时,图像为黑色;当 RGB 色彩数值都为 255 时,图像为白色;当 RGB 色彩数值相等时(除了 0 和 255),图像为灰色;纯红色的 R 值为 255,G 和 B 值为 0。

在 Photoshop 中处理图像时,通常默认模式就是 RGB,计算机显示器使用 RGB 模型显示颜色。

2. CMYK 模式

CMYK 模式是一种专门针对印刷业设定的颜色标准。该模式通过对青色(Cyan,C)、洋红(Magenta,M)、黄色(Yellow,Y)和黑色(Black,K)四种颜色变化以及它们之间互相叠加得到各种颜色,CMYK 既代表印刷专用的四种油墨颜色,也代表 Photoshop 中 CMYK 模式中四个通道的颜色。当四种颜色的值都是 0 时,就会产生纯白色。

而 CMKY 色彩不及 RGB 色彩丰富饱满,如果将 RGB 图像转换为 CMYK 时会出现分色,所以最好先在 RGB 模式下编辑,处理结束后转换为 CMYK 模式。

3. 灰度模式

灰度模式在图像处理中可以使用不同的灰度级。使用灰度模式处理图像,意味着图像的色彩信息将会丢失,处理后的图像是 0～255 共 256 级灰度所组成的图像。在该模式下,0 代表最弱的灰度,即为黑色;255 代表最强的灰度,即为白色;而其他介于 0～255 数值的灰度为黑色渐变为白色的中间过渡的灰色。灰度值也可以用黑色油墨覆盖的百分比来度量(0 为白色,100％为黑色)。灰度模式所占用的磁盘空间较小,处理灰度模式的图像时较快。

1.2.5 图像文件的常用存储格式

图像格式是指计算机储存图像文件的方法并代表不同的图像信息,图像处理软件一般都会提供多种图像文件格式,每一种格式都有自己的特点和用途。下面介绍几种常用的图像文件格式。

1. PSD 格式

PSD(Photoshop Document)格式是 Photoshop 的专用格式,支持 Photoshop 中所有的图像类型,文件扩展名为".psd"。PSD 格式很好地保存了 Photoshop 中所有的图层、通道、路径、注释以及色彩模式等信息,是一种非压缩的原始文件保存格式。另 PSD 格式所包含的图像数据信息较多,因此文件所占的硬盘空间较大。

2. BMP 格式

BMP(Bitmap)是 Windows 操作系统的标准图像文件格式,即为位图图像格式,多种应用程序都支持。BMP 格式所包含的图像信息较丰富,几乎不进行压缩,因此 BMP 的文件所占空间较大。

3. TIFF 格式

TIFF(Tag Image File Format)是印刷业中使用最广泛的图像文件格式,扩展名为

".tif"或".tiff"。TIFF 格式具有图形格式复杂、储存信息多的特点,是非压缩的,但文件占用空间较大。几乎所有的绘画、图像编辑等软件都支持此格式,一般的桌面扫描仪都可以生成 TIFF 格式图像。

4. JPEG 格式

JPEG(Joint Photographic Experts Group)是最常用的图像文件格式之一,扩展名为".jpg"或".jpeg"。JPEG 格式图像是一种有损压缩格式,文件体积可以有效压缩,是目前网络上最流行的图像格式。这种格式的应用非常广泛,压缩的主要是高频信息,对色彩的信息保留较好,适合应用于互联网以及各种图像读物。

在 Photoshop 软件中以此格式储存时,有 0~12 共 13 级的压缩级别。其中 0 级压缩比最高,图像品质最差。一般采用 10 级压缩为储存空间与图像质量最佳的比例。大部分数码相机的照片储存格式都采用此格式。

5. GIF 格式

GIF(Graphics Interchange Format)也称图像互换格式,是网络上使用相当广泛的一种压缩文件格式。GIF 格式文件中可以保存多幅彩色图像并显示到屏幕,形成简易的小动画。目前几乎所有相关软件都支持此格式。GIF 格式的文件较小,常用于网络传输。相比网络上常见的 JPEG 格式图像,GIF 格式的文件可以保持动画效果。

6. PNG 格式

PNG(Portable Network Graphics)格式是用于在网上进行无损压缩和显示图像,与 GIF 格式相比,PNG 格式的图像不支持多图像文件或动画文件,但兼有 GIF 和 JPEG 的色彩模式,具有图形透明自然和文件大小适中的特点。

7. EPS 格式

EPS 格式是最常见的线条共享文件格式,是目前桌面印前系统通常使用的通用交换格式,用于存储矢量图像,扩展名为".eps"。在印刷业中,几乎所有矢量绘制和页面排版软件都支持此格式,因此 EPS 格式常用于印刷或打印输出。

1.3 任务实施步骤

1.3.1 任务 1 的实施:认识 Photoshop CS5 的工作界面

设计目标

通过"认识 Photoshop CS5 的工作界面",掌握自定义工作界面的方法。

设计思路

- 认识 Photoshop CS5 工作界面。
- 掌握自定义工作界面的方法。

设计效果

设计效果如【二维码 1-1】所示。

操作步骤

第 1 步：启动 Photoshop CS5，单击标题栏中的【屏幕模式】按钮，可以切换 3 种屏幕显示方式，分别是标准屏幕模式、带有菜单栏的全屏模式、全屏模式；按 Tab 键，可以关闭工具箱和面板，再按 Tab 键，将重新显示工具箱和面板。

第 2 步：单击【折叠为图标】按钮，面板折叠成图标；单击【展开面板】按钮，面板恢复原样。当面板以图标显示时，单击任一图标，可以展开相应的面板，反之折叠，如图 1-24 所示。

图 1-24　面板的折叠与展开

第 3 步：单击【窗口】选项选择相应的菜单命令可以将需要的面板显示出来，如图 1-25 所示，如要关闭某一面板，右击面板名称，弹出快捷菜单，如图 1-26 所示，可以对当前面板进行各项操作。

图 1-25　【窗口】菜单　　　　　图 1-26　面板快捷菜单

第 4 步：根据工作需要，用户选择不同的预设工作区，可以通过单击标题栏右侧的选项【基本功能】、【设计】、【绘画】等完成，或者在【窗口】|【工作区】选择相应的选项即可。

第 5 步：如果要将所设置的工作界面恢复成系统默认状态，单击标题栏右侧【显示更多工作区和选项】》按钮，下拉菜单中选择【复位基本功能】选项即可。

1.3.2 任务 2 的实施："建立一个简单图像"的制作步骤

设计目标

通过"建立一个简单图像"，掌握新建、打开、编辑、保存图像的方法。

设计思路

- 建立一个简单图像。
- 参数设置。

设计效果

设计效果如【二维码 1-2】所示。

操作步骤

第 1 步：启动 Photoshop CS5，选择【文件】|【新建】命令或按 Ctrl＋N 组合键，打开【新建】对话框。

第 2 步：在【新建】对话框中设置各项参数值，在【名称】文本框输入"图像 1"；将【预设】选项设为"自定"；【宽度】选项值设为 20，单位选择"厘米"；【高度】选项值设为 20，单位选择"厘米"，【分辨率】选项值设为 300，单位选择"像素/英寸"；【颜色模式】选择"RGB 颜色"，并在后面选择"8 位"；【背景内容】为"白色"，所有参数设置好之后，单击【确定】按钮，就新建好了一个空白的图像文件。

第 3 步：选择【文件】|【打开】菜单命令或按 Ctrl＋O 组合键，选中素材"花 4.jpg"，单击【打开】按钮打开图像，然后使用椭圆选框工具，选取部分图片并选择【图像】|【裁剪】菜单命令进行裁剪，选择【图像】|【图像大小】菜单命令调整图片的宽度为 2000 像素，再选择【编辑】|【变换】|【水平翻转】菜单命令调整图片方向。

第 4 步：然后依次按 Ctrl＋A、Ctrl＋C 组合键，全选并复制图像，单击"图像 1"图像选项卡将其切换为当前窗口，再按 Ctrl＋V 组合键将图像粘贴到"图像 1"图像窗口中。

第 5 步：通过工具箱设置背景色为 RGB（210,132,224），选择【图像】|【图像旋转】|【任意角度】设置顺时针旋转 15°，如图 1-27 所示。

第 6 步：选择【文件】|【存储为】菜单命令，以"花香.psd"为文件名保存图像。

图 1-27 编辑图像文件

1.3.3 任务 3 的实施:"认识位图及矢量图"的制作步骤

设计目标
掌握位图和矢量图的概念,知道两者的区别。

设计思路
认识位图及矢量图。

设计效果
设计效果如【二维码 1-3】和【二维码 1-4】所示。

操作步骤
第 1 步:打开一个图像文件,放大 N 倍,失真的是位图。
第 2 步:打开一个图像文件,放大 N 倍,没有失真的是矢量图。
第 3 步:位图可通过 CorelDRAW、Illustrator 等矢量图专业软件转换成矢量图。

1.4 上机实训

1.4.1 实训 1:创建、修改并保存你的第一个 Photoshop 作品

实训目的
掌握新建、打开、保存、关闭图像的方法,为用户以后的图像处理工作奠定基础。

实训内容
制作一个"动漫足球"作品,效果如【二维码 1-5】所示。

实训步骤
第 1 步:启动 Photoshop CS5,选择【文件】|【新建】命令或按 Ctrl+N 组合键,在【新建】对话框中设置所有参数,例如,在【名称】文本框输入"动漫足球"等,此处可参考任务 2 的参数设置,然后单击【确定】按钮,就创建好了一个空白图像文件。

第 2 步:选择【文件】|【打开】命令或按 Ctrl+O 组合键,选中素材"米老鼠.jpg",单击【打开】按钮。

第 3 步:然后依次按 Ctrl+A、Ctrl+C 组合键,全选并复制图像,然后单击"动漫足球"图像选项卡将其切换为当前窗口,再按 Ctrl+V 组合键将图像粘贴到"动漫足球"图像窗口中。

第 4 步:重复操作第 2 步、第 3 步,将素材"足球.jpg"复制到"动漫足球"图像窗口中。

第 5 步:选取工具箱中的【移动工具】,在"足球"图像上按住鼠标左键并拖动到恰当的位置再释放。

第 6 步:选择【文件】|【存储为】命令或按 Ctrl+S 组合键,打开【存储为】对话框,设置相关参数,单击【保存】按钮,将文件保存为"动漫足球.psd"。

1.4.2 实训 2:转换图像文件格式

实训目的

通过对本实训的学习,一要掌握在 Photoshop CS5 中图像文件格式的转换方法;二要进一步认识和了解不同图像文件格式的作用。

实训内容

将图像文件"水墨花.bmp"转换为 JPG 格式,效果如【二维码 1-6】所示。

实训步骤

第 1 步:启动 Photoshop CS5,打开要转换格式的图像"水墨花.bmp",选择【文件】|【存储为】命令或按 Ctrl+S 组合键,打开【存储为】对话框。

第 2 步:在【存储为】对话框中设置文件保存位置,输入文件名"水墨花.jpg",并在【格式】下拉列表框中选择图像格式 JPG。

注意:当用户选择了一种图像格式后,对话框下方的【存储选项】选项组中的选项内容都会发生相应的变化。

第 3 步:设置完毕,单击【保存】按钮。

第 4 步:同时弹出 JPGE 选项对话框,设置相关选项,单击【确定】按钮,即完成图像文件转换"水墨花.jpg"。

1.4.3 实训 3:优化 Photoshop CS5 工作环境

实训目的

熟悉 Photoshop CS5 的工作环境并优化,为用户的使用和操作提供更加方便、稳定的工作途径。

实训内容

优化 Photoshop CS5 工作环境,效果如【二维码 1-7】所示。

实训步骤

第 1 步:启动 Photoshop CS5,选择【编辑】|【首选项】|【常规】命令,打开【首选项】对话框。

第 2 步:在【首选项】对话框中选择【常规】选项,然后在右侧单击【拾色器】下拉列表框,选择 adobe 选项,在【图像插值】下拉列表框选择"两次立方(适用于平滑渐变)"选项。然后在【选项】栏中根据自己使用需要对相关参数进行设置。

第 3 步:在【首选项】对话框中选择【界面】选项,然后在右侧的【常规】栏中根据操作需要,选择相关选项;在【面板和文档】栏中设置面板属性。

第 4 步:在【首选项】对话框中选择【文件处理】选项,然后在右侧的【文件存储】选项栏中根据操作需要,选择相关选项;在【近期文件列表包含】文本框中输入自动记录最近使用文件的个数,默认为 10。

第 5 步:在【首选项】对话框中选择【性能】选项,然后在右侧的【内存使用情况】栏中根据自己计算机内存使用情况配置参数,在【历史记录与高速缓存】栏中设置记录状态的数量,在【暂存盘】栏中选择暂存磁盘驱动器,一般选择计算机中最大内存的磁盘。

第 6 步:结合实际,设置其他选项的相关参数,全部设置好之后,单击【确定】按钮即可完成 Photoshop CS5 工作环境的优化。

创建与编辑选区

选区就是选择区域。选区的创建与编辑是 Photoshop 软件中最重要的操作之一,在 Photoshop 中处理局部图像的时候,首先要指定编辑操作的有效区域,即创建选区,然后才能实施编辑。

本章主要内容

- 常用选区工具。
- 套索工具和魔棒工具。
- 选区的创建。
- 选区的编辑。
- 选区的填充。

能力培养目标

要求学生熟练掌握 Photoshop CS5 中各种选区工具的基本操作,以及运用选区完成编辑图像。

2.1 任务导入与问题的提出

2.1.1 任务导入

任务 1:制作圆柱体

绘制圆柱体,设计效果图如【二维码 2-1】所示。

任务 2:制作照片边框效果图

制作照片边框,设计效果图如【二维码 2-2】所示。

任务 3:创建照片虚化效果

制作照片的虚化效果,设计效果图如【二维码 2-3】所示。

2.1.2 问题与思考

- Photoshop CS5 中常用选区工具有哪些？
- Photoshop CS5 中选区工具怎样分类？
- Photoshop CS5 中的选区如何运算？
- Photoshop CS5 中选区如何建立和编辑？
- Photoshop CS5 中如何对选区填充？

2.2 知 识 点

2.2.1 常用选区工具

1. 选框工具

一般来说，在 Photoshop CS5 中，所有图像编辑命令都是作用于整张图片的，如果需要对图像进行局部调整修改，就需要进行选取，创建选区。选区是指一个被蚁行线（闪烁的虚线）包围的封闭的区域。选区选定后，编辑操作被限定在选区范围之内，选区外的区域不会受到影响。另外，选区也可以进行移动、复制等操作来合成图像。

在 Photoshop CS5 中，根据不同的选取需要，可使用不同的选区工具，当需要选取的图形是边缘清晰的规则图形，就可以使用选框工具（包括【矩形选框工具】、【椭圆选框工具】、【单行选框工具】以及【单列选框工具】，如图 2-1 所示）。选框工具属性栏如图 2-2 所示。

图 2-1　选框工具组

图 2-2　选框工具属性栏

- 选择工具箱中的【矩形选框工具】，光标移至图案左上角，按住鼠标左键拖动到合适的区域再释放即可。
- 【椭圆选框工具】的用法与矩形选框工具的用法相同。
- 【单行选框工具】和【单列选框工具】只能选择水平或垂直方向上的一行或一列 1 像素的选区。

2. 色彩范围命令

【色彩范围】命令能够利用图像中的颜色变化关系来创建选区。在图像窗口中指定颜色定义选区，并通过指定其他颜色来增加或减少选区，也可指定一个标准色彩或用吸管吸取一种颜色，再在【颜色容差】中设定允许范围，则图像中所有在色彩范围内的色彩区域都将成为选区，如图 2-3 所示。

3. 钢笔工具

【钢笔工具】可以绘制直线路径或曲线路径并将路径转化为选区，常用来选取颜色与

图 2-3 【色彩范围】对话框

背景接近、边缘比较光滑明确的素材对象。【钢笔工具】选择如图 2-4 所示,【钢笔工具】属性栏如图 2-5 所示。

图 2-4 【钢笔工具】选择

图 2-5 【钢笔工具】属性栏

　　路径由直线路径或曲线路径构成(见图 2-6),路径线段由锚点连接组成,锚点分角点和平滑点,角点可以连接成直线,平滑点可以创建平滑的曲线,平滑点的两端有方向线和方向点可以调整曲线的走向,通过方向线的长短和方向点的位置可以改变曲线的形状。路径绘制完成后可通过【路径】面板(见图 2-7)单击 ◯ 按钮将路径转化为选区。

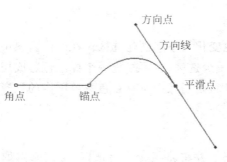

图 2-6 路径

图 2-7 【路径】面板

2.2.2 套索工具和魔棒工具

1. 套索工具

在如果选取不规则形状或者是非几何形状的选区,可以使用套索工具(包括【套索工具】、【多边形套索工具】、【磁性套索工具】),有时还可以使用【快速选择工具】进行图片的局部进行选取,如图 2-8 和图 2-9 所示。

图 2-8 套索工具组

图 2-9 快速选择工具组

- 【套索工具】主要针对不规则图像用鼠标徒手画边框选择对象,主要绘制自由曲线边框。
- 【多边形套索工具】可以利用线段围合形成选取范围,常用于较复杂、棱角分明且边缘呈直线状态的选区。
- 【磁性套索工具】特别适用于快速选择与背景对比强烈且边缘复杂的对象选区。

2. 魔棒工具

【魔棒工具】能够根据相同或相似的色素进行选择。颜色差异性越大,选取越精确,如图 2-10 所示。

图 2-10 【魔棒工具】属性栏

- 【容差】表示选取颜色的接近程度,取值在 0~255 之间,数值越小颜色越接近,所选的范围就越小;反之,数值越大,选择的范围越大。
- 当勾选【连续】选项时,只选取颜色相连的区域;取消勾选时,选择与单击点颜色相近的所有区域,包括没有连接的区域。
- 当勾选【对所有图层取样】时,表示将选择所有可见图层中颜色相近的区域;反之则只选择当前图层中的区域。

2.2.3 选区的创建

1. 创建选区

在 Photoshop 中,根据不同的选区需要使用不同的选区工具,每种选择类工具都有属于该工具的属性栏,通过修改属性栏的选项,可以创建出不同的选区效果。

选区可以进行运算,可以对新建选区与已有的选区进行并集(添加到选区)、差集(从选区减去)和交集(与选区交叉)的操作,如图 2-11 所示。

- 【羽化】是几个基本选择类工具都有的选项,主要用于建立边缘模糊的选区范围,从而使合成图像时边缘过渡柔和。边缘柔和

图 2-11 选区运算

程度取决于【羽化半径】的大小，数值越大，边缘越柔和。这里的【羽化】是创建选区前就制定好需要羽化的程度，每次羽化后要记得将数值清零，以免影响到以后的操作。

- 【消除锯齿】选项是指可以通过软化边缘像素与背景像素之间的颜色转换，使选区锯齿状边缘变得平滑。一般情况下，Photoshop 默认勾选【消除锯齿】，这样会使选区看起来平滑自然，如图 2-12 所示。

图 2-12　羽化

创建选区时可以选择区域的创建方式。在矩形、椭圆选框工具属性栏的【样式】下拉列表中有三种选区样式。选择"正常"样式时，选区的大小由鼠标自由控制；选择"固定比例"样式时，选区比例只能够按照设定好的高度和宽度的比例来创建；选择"固定大小"样式时，选区就只能按照固定的高度和宽度来创建，如图 2-13 所示。

单击【调整边缘】按钮，可以打开【调整边缘】对话框，对选区进行平滑、羽化等处理，如图 2-14 所示。

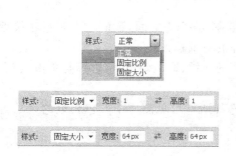

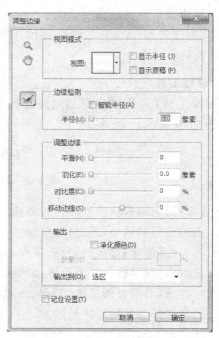

图 2-13　选区【样式】设置　　　　图 2-14　【调整边缘】对话框

2. 调整选区位置

在 Photoshop 中，可以任意移动选区范围，而不影响图像的内容；已建立了选区，在使用选区工具时，光标移入选区范围内部，然后按住鼠标左键拖动到合适位置即可。另外也可使用键盘上、下、左、右 4 个方向键准确地移动选区，每按一下移动 1 像素。

3. 选择菜单栏

在 Photoshop 中，根据实际需要可以对创建好的选区进行编辑。在菜单栏中专门有

【选择】菜单来对选区进行编辑,如图 2-15 所示。

- 选择【选择】|【全选】命令能够选择整个图像的范围作为选区,组合键为 Ctrl+A;选择【选择】|【取消选择】命令能够取消选择整个图像的选区,组合键为 Ctrl+D;选择【选择】|【反向选择】命令能够选择除了已选区域之外所有范围,组合键为 Shift+Ctrl+I。
- 【调整边缘】可以根据需要调整相关数据,直接预览效果。与工具属性栏中的按钮功能一致。
- 选择【选择】|【修改】|【边界】打开【边界选区】对话框,在【宽度】栏中输入 1~200 的数值,表示以原选区的边缘向外扩展若干像素,形成一个新的扩展选区(如环形、框形、不规则圆形)。
- 选择【选择】|【修改】|【平滑】打开【平滑选区】对话框,在【取样半径】栏中输入 1~100 的数值,选区将按照数值对选区边缘做平滑处理。例如矩形选框将变成圆角矩形选框。

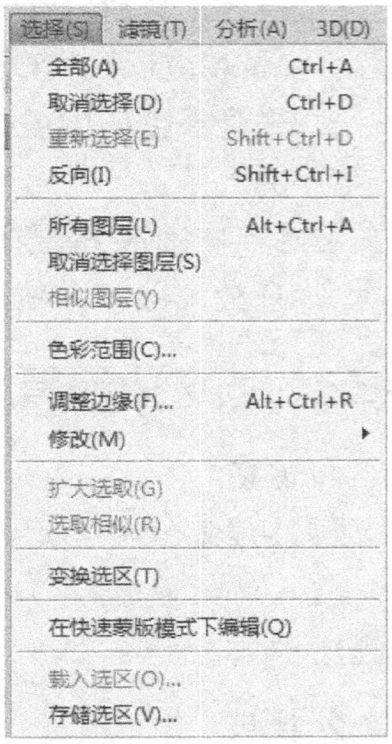

图 2-15 【选择】菜单

- 选择【选择】|【修改】|【扩展】打开【扩展选区】对话框,在【扩展量】栏中输入 1~100 的数值,就可以按照指定数值扩展选区;单击【选择】|【修改】|【收缩】,打开【收缩选区】对话框,在【收缩量】栏中输入 1~100 的数值,就可以按照指定数值收缩选区。
- 选择【选择】|【修改】|【羽化】打开【羽化选区】对话框,在【羽化半径】栏中输入 0.2~250 的数值,选区将根据输入的数值进行模糊边缘的处理,注意这里的【羽化】是创建选区后的羽化,就是选区创建后才修改选区边缘的模糊程度,如图 2-16 所示。

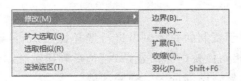

图 2-16 选择【修改】菜单

- 【扩大选取】可以将原选区范围扩大,所扩大的范围是原选区的范围相邻和颜色相近的区域。颜色的相近程度由【魔棒工具】中的容差值来决定。
- 【选取相似】命令类似于【扩大选取】命令,但是它扩大选取的范围不只是相邻的区域,而是图像中只要有近似的颜色区域都有可能被选取。颜色相近程度同样由【魔棒工具】中的容差值来决定。
- 【变换选区】只对选区进行旋转、翻转、自由变换等,不对选区内容产生变化。
- 【在快速蒙版模式下编辑】能够进入快速蒙版编辑模式。蒙版主要用于合成图像,蒙版能隔离并保护图像的未选择区域,使未选中区域受保护以免被编辑。【快速蒙版模式工具】将选区作为蒙版进行编辑，添加或减去蒙版区域（如使用画笔涂抹增加或减少），受保护区域和未受保护区域以不同颜色进行区分，当离开快速蒙版模式时，未受保护区域就可以成为选区。快速蒙版模式也可以通过工具栏按钮直接单击进入。

- 【存储选区】命令可以将选区范围保存在通道中，方便随时调取使用。【载入选区】是载入以前存储的选区通道。

2.2.4 选区的编辑

1. 剪切

【剪切】命令用于剪切掉图像中的选区部分，剪切区域被背景色填充，剪切掉的内容被临时放入剪贴板（内存）中，可以使用【粘贴】命令贴回原位置或者贴到其他图像文件或其他程序中去。

2. 拷贝

【拷贝】命令是将当前选区内容复制下来临时放到剪贴板（内存）中，原选区图像内容不发生改变，可以使用【粘贴】命令贴回原位置或者贴到其他图像文件或其他程序中去。

3. 合并拷贝

在 Photoshop 中，图像可由多个图层组成，【拷贝】命令一般只在当前图层复制，不影响其他图层。【合并拷贝】命令会把选区内所有可见图层都进行【拷贝】，并把复制内容合并为单个图层（不影响或不破坏原图像或图层）。同样也可以使用【粘贴】命令贴回原位置或者贴到其他图像文件或其他程序中去。

4. 粘贴

【粘贴】命令与【剪切】、【拷贝】和【合并拷贝】命令相对应，将剪切、拷贝和合并拷贝的选区内容粘贴到图像，自动形成一个新图层。

5. 选择性粘贴

在 Photoshop 中，对于复制的对象可以进行选择性粘贴，可选择【原位粘贴】，即对应原图像所复制内容进行相同位置的粘贴，【贴入】是指创建选区，将复制的对象贴到选区内部，【外部粘贴】则是将对象粘贴到选区以外的区域。

6. 清除

【清除】命令用以清除掉选区内容。

【编辑】菜单栏对话框如图 2-17 所示。

2.2.5 选区的填充

1. 填充颜色

单击【前景色】色板，打开【拾色器】对话框（见图 2-18）选择颜色，用任意的选区工具建立选区，执行【编辑】|【填充】命令，出现【填充】对话框（见图 2-19），

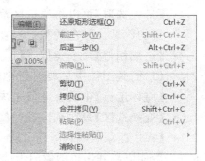

图 2-17 【编辑】菜单栏

使用前景色填充选区,则选区会被填充指定颜色。

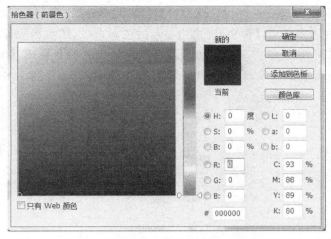

图 2-18 【拾色器】对话框

图 2-19 【填充】颜色对话框

2. 填充图案

用任意的选区工具建立选区,执行【编辑】|【填充】命令,出现【填充】对话框(见图 2-20),使用【图案】填充选区,则选区会被填充指定图案。单击【自定图案】可以设置自定义图案进行填充。

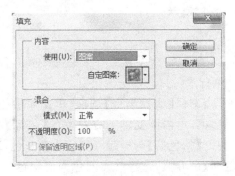

图 2-20 【填充】对话框

3. 描边

用任意的选区工具建立选区,执行【编辑】|【描边】命令,出现【描边】对话框,输入1～250像素任意数值进行描边,【颜色】为描边显示的色彩,以选区范围边界线为中心描边有【内部】、【居中】、【居外】三种类型。【模式】可以改变描边的混合样式,【不透明度】可以输入1～100的数值来调整描边的不透明度,如图2-21所示。

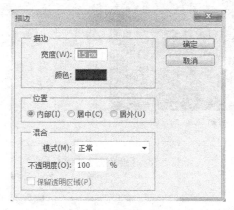

图2-21 【描边】对话框

2.3 任务实施步骤

2.3.1 任务1的实施:"圆柱体"的制作步骤

设计目标

通过制作"圆柱体",掌握选区的创建、编辑和填充方法。

设计思路

- 圆柱体的组成。
- 选区的填充。

设计效果

设计效果图如【二维码2-1】所示。

操作步骤

第1步:选择【文件】|【新建】命令,设置文件大小为20cm×20cm,分辨率为72像素/英寸,色彩模式为RGB,白色背景。

第2步:使用【渐变工具】选择【线性渐变】选项,单击属性栏中的【点按可编辑渐变】按钮,打开【渐变编辑器】对话框,单击渐变轴下方左侧的【色标】小方块,然后单击下方的【颜色】选项,或者双击色标打开【拾色器】选择起点颜色为蓝灰色(R:130,G:140,B:150)。单击渐变轴下方右侧的【色标】小方块,选择终点颜色为蓝灰色(R:240,G:240,B:240),如图2-22所示。

项目2 创建与编辑选区

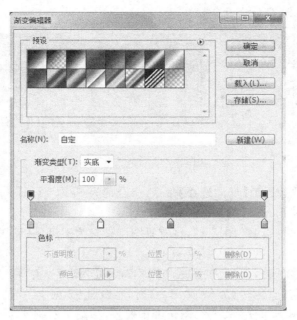

图 2-22 【渐变编辑器】对话框

第 3 步：按住鼠标左键从上到下在图像画面中拖出线性渐变填充。

第 4 步：新建"图层 1"。使用【矩形选框工具】拖出一个适当大小的矩形选区。再选择【渐变工具】，设置渐变颜色，从左到右分别为（R：185，G：190，B：200）（R：255，G：255，B：255）（R：120，G：125，B：145）（R：160，G：160，B：175），如图 2-23 所示。

图 2-23 绘制圆柱体主体

第 5 步：按住 Shift 键，从左到右填充矩形选区。按 Ctrl＋D 组合键取消选择。

第 6 步：使用【椭圆选框工具】在矩形顶端绘制一个椭圆，椭圆的直径要和矩形同宽。

第 7 步：使用【渐变工具】设置渐变颜色，从左到右分别为（R：240，G：240，B：245）（R：255，G：255，B：255）（R：180，G：190，B：195）（R：200，G：205，B：210）。

第 8 步：新建"图层 2"，按住 Shift 键，从左到右填充椭圆选区。

第 9 步：使用【椭圆选框工具】确认当前属性栏状态为"新选区"，将鼠标光标移动到选区内，按住 Shift 键，将选区向下移动到如图 2-23 所示位置。

第 10 步：利用【矩形选框工具】在属性栏中选择【添加到选区】，绘制一个和椭圆相加的矩形选区，如图 2-24 所示。

图 2-24　修饰主体

第 11 步：执行【选择】|【反向选择】命令，组合键为 Shift＋Ctrl＋I。单击"图层 1"，按 Delete 键清除多余棱角，然后取消选择。

第 12 步：选择"图层 1""图层 2"，将背景图层设置为不可见（见图 2-25），再合并可见图层。

第 13 步：复制"图层 2"，生成"图层 2 副本"，确定"图层 2 副本"为当前操作图层，执行【编辑】|【变换】|【垂直翻转】命令（见图 2-26），将"图层 2 副本"移动至"图层 2"下方，在【图层】面板中修改不透明度为 20%，制作倒影效果，如图 2-27 所示。

图 2-25　修饰图层

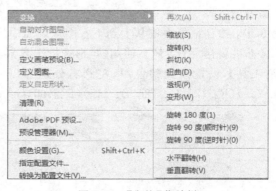

图 2-26　【变换】菜单栏

图 2-27　修饰图层

第 14 步：制作投影。新建"图层 3"，使用【多边形套索工具】绘制选区，执行【选择】|【修改】|【羽化】命令，【羽化半径】设置为 5 像素，设置前景色为（R：115, G：120, B：140）并在选区内填充前景色，然后取消选区。将"图层 3"置于"图层 2"下方，并将文件保存为

"圆柱体.psd",最终完成设计效果如图 2-28 所示。

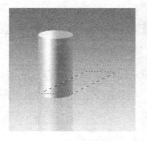

图 2-28　圆柱体制作完成

2.3.2　任务 2 的实施:"照片边框"的制作步骤

设计目标

通过制作"照片边框",掌握选区修改及描边方法。

设计思路

- 选取素材,建立选区,变换选区。
- 绘制选区描边,制作投影。

设计效果

设计效果图如【二维码 2-2】所示。

操作步骤

第 1 步:选择【文件】|【打开】命令,选择项目 2 素材"人物照片.jpg",单击【确定】按钮打开素材。

第 2 步:使用【矩形选框工具】选择合适大小创建选区。执行【选择】|【存储选区】命令,将选区存储到通道中。右击【通过拷贝的图层】复制选区内容,生成"图层 1",如图 2-29 所示。

图 2-29　建立选区、拷贝图层

第3步：执行【选择】|【载入选区】命令，再执行【编辑】|【描边】命令，打开【描边】对话框，在【宽度】中输入"15px"，【颜色】为"白色"（R：255，G：255，B：255），【位置】选择"内部"，【混合-模式】选择"正常"，【不透明度】为100%。单击【确定】按钮完成描边，如图2-30所示。

图2-30 载入选区、描边效果

第4步：新建"图层2"，在选区中右击【羽化】为选区设置【羽化半径】为10像素，填充黑色（R：0，G：0，B：0），并取消选择。将"图层2"放置到"图层1"下方，如图2-31所示。

图2-31 设置投影效果

第5步：选择背景图层,选择【滤镜】|【模糊】|【高斯模糊】(见图2-32),设置模糊【半径】为8像素,单击【确定】按钮完成编辑,背景模糊处理设计效果如图2-33所示。最终将文件保存为"照片边框.psd"。

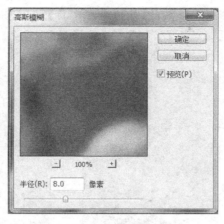

图2-32 【高斯模糊】对话框

图2-33 背景模糊处理效果

2.3.3 任务3的实施："创建照片虚化效果"的制作步骤

设计目标

通过制作"创建照片虚化效果",掌握选区修改及修饰照片的技巧。

设计思路

- 选取素材,建立选区,编辑选区。
- 制作虚化效果。

设计效果

设计效果图如【二维码2-3】所示。

操作步骤

第 1 步：选择【文件】|【打开】命令，选择项目 2 素材"莲花照片.jpg"，单击【确定】按钮打开素材。

第 2 步：使用【磁性套索工具】(或【快速选择工具】)创建选区(注意选择除莲花外所有的选区)。执行【选择】|【修改】|【扩展】，在【扩展量】中输入 10 像素，如图 2-34 所示。在选区中右击【羽化】为选区设置【羽化半径】为 30 像素。

图 2-34 【扩展选区】参数设置效果

第 3 步：执行【选择】|【反向】，再执行【滤镜】|【模糊】打开【镜头模糊】对话框，在【半径】中输入 25 像素，单击【确定】按钮产生背景虚化效果，然后取消选择，如图 2-35 所示。

图 2-35 【镜头模糊】对话框

第4步：使用【矩形选框工具】在画面中创建大小合适的选区。执行【羽化】命令，【羽化半径】为30像素，执行【选择】|【反向】并填充90%的白色，最后取消选择完成最终效果，如图2-36所示。最终将文件保存为"照片虚化效果.psd"。

图2-36　边框设置效果

2.4　上机实训

2.4.1　实训1：制作"中国银行"标志图案

实训目的

- 掌握【矩形选框工具】的使用方法。
- 掌握选区的运算及选区的编辑修改。

实训内容

制作"中国银行"标志图案，如图2-37所示。

实训步骤

第1步：新建文件大小为500像素×500像素，分辨率为72像素/英寸，颜色模式为RGB，背景为白色。

第2步：新建"图层1"，使用【椭圆选框工具】，在拖动过程中按住Shift键绘制正圆（或在工具属性栏样式【固定大小】中直接输入宽和高，均为400像素），填充红色（R：255，G：0，B：0），并取消选择。新建"图层2"，使用【椭圆选框工具】（或在工具属性栏样式【固定大小】中直接输入宽和

图2-37　"中国银行"标志图案

高,均为340像素),填充白色(R:255,G:255,B:255),并取消选择。

第3步:新建"图层3",使用【矩形选框工具】绘制固定大小为宽30像素、高380像素的矩形选区并填充红色(R:255,G:0,B:0),并取消选择。

第4步:新建"图层4",使用【矩形选框工具】绘制固定大小为宽200像素、高150像素的矩形,执行【选择】|【修改】|【平滑】设置【取样半径】为20像素,并填充红色(R:255,G:0,B:0),再执行【选择】|【修改】|【收缩】设置【收缩量】为30像素,删除被选区域内容并取消选择。

第5步:选择所有图层做垂直居中对齐和水平居中对齐。

第6步:保存为"中国银行.psd"。

2.4.2 实训2:制作"太极图"标志图案

实训目的

- 掌握椭圆选区的使用方法。
- 掌握选区的填充、选区的存储方法及载入选区的方法。

实训内容

制作"太极图"标志图案,如图2-38所示。

图2-38 "太极图"标志图案

实训步骤

第1步:新建文件大小为500像素×500像素,分辨率为72像素/英寸,颜色模式为RGB,背景为白色。

第2步:新建"图层1",使用【椭圆选框工具】,在拖动过程中按住Shift键绘制正圆(或在工具属性栏样式【固定大小】中直接输入宽和高,均为400像素),填充黑色(R:0,G:0,B:0),并取消选择。使用【矩形选框工具】绘制大小合适的矩形,删除圆形的一半,并取消选择。新建"图层2",使用【椭圆选框工具】绘制宽和高均为200像素的黑色的小圆形并将小圆的顶部与半圆的顶部垂直居中对齐。合并"图层1"和"图层2"。使用【椭圆选框工具】绘制宽和高均为200像素的选区并将选区与图形底部垂直居中对齐,删除选区内容,取消选择,得到太极图的黑色基本型。

第3步:复制黑色基本型图层"图层1",得到"图层1副本",将黑色部分填充为白色得到白色基本型,并将两部分位置调整好。

第4步:新建图层,使用【椭圆选框工具】分别绘制一个黑色小正圆和一个白色小正圆,并调整好位置。

第5步:保存为"太极图.psd"。

绘制图像

Photoshop CS5 提供了强大的绘图工具,其中【画笔工具】是最基本和最常用的工具,利用绘图工具绘制各种具有艺术效果的图像,以丰富作品的效果,增强作品的艺术表现力。

本章主要内容

- 画笔工具。
- 画笔属性。
- 画笔面板。

能力培养目标

要求学生熟练掌握 Photoshop CS5 中画笔工具的基本操作,以及运用【画笔工具】绘制艺术效果的图像。

3.1 任务导入与问题的提出

3.1.1 任务导入

任务 1:绘制三原色混色图

制作三原色混色图,设计效果图如【二维码 3-1】所示。

任务 2:绘制一张邮票

设计一张邮票,设计效果图如【二维码 3-2】所示。

任务 3:绘制一张音乐贺卡

设计一张音乐贺卡,设计效果图如【二维码 3-3】所示。

3.1.2 问题与思考

- Photoshop CS5 中画笔工具包括有哪几种工具?

- Photoshop CS5 中如何使用画笔工具？
- Photoshop CS5 中预设画笔笔尖有哪些？
- 如何自定义画笔？
- 画笔属性栏包括哪些内容？
- 画笔面板如何打开？
- 画笔面板的设置。

3.2 知识点

3.2.1 绘图的基本知识及工具

1. 绘图工具

Photoshop 提供了很多绘图工具，如【画笔工具】、【铅笔工具】、【颜色替换工具】、【混合器画笔工具】、【图章工具】、【橡皮擦工具】、【形状绘制工具】等。本章节主要学习【画笔工具】、【铅笔工具】。【画笔工具】如图 3-1 所示。

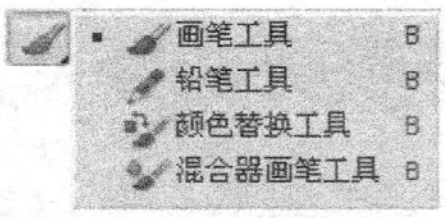

图 3-1 【画笔工具】

2. 绘图的基本使用步骤

Photoshop 有许多绘图工具，这些绘图工具有许多共同点，如它们的属性栏有很多是相同的，它们的使用方法基本上是一样的。

第 1 步：选定一种绘图工具。
第 2 步：选取绘图颜色，即前景色。
第 3 步：在属性栏选择一种画笔大小。
第 4 步：在属性栏或面板中设置工具的相关参数。
第 5 步：在窗口中拖动鼠标绘制。

3. 画笔面板的功能

画笔面板用于调整各种画笔的直径、旋转角度、圆度、硬度、间距，设置画笔的形状动态、发散、纹理填充、颜色动态等特性；还可以添加新的画笔、删除不需要的画笔或替换画笔，也可以实现画笔的保存、载入以及复位画笔。

3.2.2 设置画笔的基本样式

1. 画笔属性

选择【画笔工具】，显示画笔属性，如图 3-2 所示。

图 3-2 画笔属性

- （工具预设选取器）：单击 按钮打开预设画笔，可以选取预设画笔。
- （画笔预设选取器）：单击 按钮打开笔尖样式，选取笔尖样式。
- ：切换画笔面板。

- 模式：模式选项设置。
- 不透明度 100%（不透明度）：对画笔整体透明效果进行控制，效果如图 3-3 所示。
- 流量 100%（流量）：设置颜色的流量速度，重复叠加涂抹时会积累油墨流量，效果如图 3-3 所示。

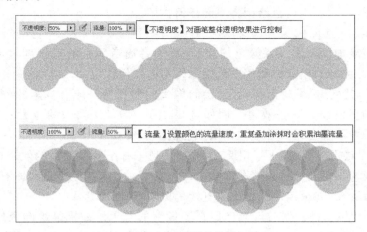

图 3-3 画笔流量图

- （喷枪）：激活【喷枪】按钮，绘画时按住鼠标左键数秒（不拖动）可增大颜色量。混合模式常和【不透明度】 不透明度 、【流量】 流量 、【喷枪】 一起使用，效果会更好。

2. 模式选项设置

色彩混合模式的控制是 Photoshop 的一项较为突出的功能，可通过对各色彩的混合而获得一些出乎意料的效果，完成一些难度较大的操作。

色彩混合是指用当前绘画或编辑工具应用的颜色与图像原有的底色进行混合，从而产生一种结果颜色。

选中【画笔工具】，在其工具栏中打开【模式】下拉列表，各种混合模式的作用如下。

- 正常：这是 Photoshop 中的默认模式，选择这种模式后，绘制出来的颜色会盖住原有的底色，当色彩是半透明时才会透出底部的颜色。
- 溶解：结果颜色将随机地取代具有底色或混合颜色的像素。绘制得到的图像呈点状粒子效果，调整不透明度后效果会更明显。
- 背后：只能用于透明底色的图层，并且是在图层面板中没有选中 锁定: 按钮的层，才能使用此选项。
- 清除：与背后一样，只是在图层面板中没有选中 锁定: 按钮的层，才能使用此选项。
- 变暗：绘制像素的颜色值和原有像素的颜色值混合，最终得到暗色调的图像效果。例如，RGB 为（100,75,50）的像素和 RGB 为（25,50,75）的像素混合得到最终的图像颜色值 RGB 为（25,50,50）。
- 正片叠底：绘制像素的颜色值和原有像素的颜色值相乘，再除以数值 255 就是最终的像素颜色值。例如，RGB 为（100,75,50）的像素和 RGB 为（25,50,75）

的像素混合得到最终的像素颜色值 RGB 为(10,15,15)。因此,【正片叠底】模式下利用黑色绘制可将图像抹成黑色,而利用白色绘制则仍然维持原有的图像效果。

- 颜色加深:使图像变暗,其功能类似于【加深工具】。在该模式下利用黑色绘制会抹黑图像,而利用白色绘制将不起任何作用。
- 线性加深:使图像变暗,与【颜色加深】有些类似,所不同的是通过降低各通道颜色的亮度加深图像,而【颜色加深】是增加各通道颜色的对比度来加深图像。同样,【线性加深】模式中利用白色绘制将不起任何作用。
- 变亮:与【变暗】模式正好相反,绘制像素的颜色值与原有像素的颜色值混合,最终得到亮色调的图像效果。例如,RGB 为(100,750,50)的像素和 RGB 为(25,50,75)像素混合得到最终的像素颜色值 RGB 为(100,75,75)。
- 滤色:与【正片叠底】正好相反,通常会呈现一种图像被漂白的效果。在【滤色】模式下使用白色描绘将会使图像变为白色效果。如果描绘颜色比原有颜色更淡,则图像会变亮;如果描绘颜色比原有颜色更暗,则图像会变暗。
- 强光:产生一种强烈的聚光灯照在图像上的效果。如果描绘颜色比原有颜色更淡,则图像发亮;如果描绘颜色比原有颜色更暗,则图像发暗。在【强光】模式下使用黑色描绘将得到黑色效果,使用白色描绘则得到白色。
- 亮光:通过调整对比度加深或减轻颜色。如果混合色比 50% 灰度要亮,就会降低对比度使图像颜色变浅,反之会增加对比度使图像颜色变深。
- 线性光:通过调整亮度加深或减轻颜色。如果混合色比 50% 灰度亮,图像将通过增加亮度使图像变浅,反之会降低亮度使图像变深。
- 点光:通过置换像素混合图像,如果混合色比 50% 灰度亮,则比源图像暗的像素将被取代,而比源图像亮的像素保持不变。反之,比源图像亮的像素将被取代,而比源图像暗的像素保持不变。
- 实色混合:查看每个通道中的颜色信息,根据混合色替换颜色。如果混合色比 50% 灰色亮,则替换比混合色暗的像素为白色;如果混合色比 50% 灰色暗,则替换比混合色亮的像素为黑色。
- 差值:绘制像素的颜色值与原有像素的颜色值差值的绝对值就是混合后像素的颜色值。例如,RGB 为(100,75,50)的像素和 RGB 为(25,50,75)的像素混合得到的像素颜色值 RGB 为(75,25,25)。
- 排除:与【差值】模式非常类似,但是图像效果比【差值】模式更淡。
- 色相:绘制像素的色相值与原有像素的亮度值和饱和度值构成得到像素颜色值。
- 饱和度:绘制像素的饱和度值与原有像素的亮度值和色相值构成得到像素颜色值。
- 颜色:绘制像素的饱和度值和色相值与原有像素的亮度值构成得到像素颜色值。
- 明度:绘制像素的亮度值与原有像素的饱和度值和亮度值构成得到像素颜色值。

3. 新建和自定义笔画

如用自定形状画一图形,如图 3-4 所示,可以将其定义为画笔。

- 选择【编辑】|【定义笔画预设】命令,在弹出的面板中设置名称,如图 3-5 所示,然后单击【确定】按钮完成设置。
- 就会在画笔面板中添加了一新的笔尖,如图 3-6 所示。
- 定义特殊画笔时,只能定义画笔形状,而不能定义画笔颜色,这是因为用画笔绘图时颜色都是由前景色决定的。

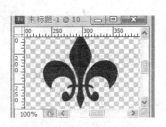

图 3-4 定义画笔形状

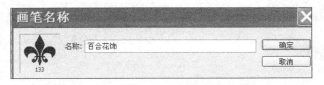

图 3-5 【画笔名称】对话框

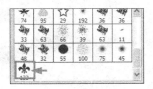

图 3-6 选择笔尖

4.【铅笔工具】 的使用

使用【铅笔工具】可以绘制出来硬的、有棱角的线条,它的设置与画笔工具基本相同。【铅笔工具】属性如图 3-7 所示。

图 3-7 【铅笔工具】属性

3.2.3 使用画笔面板

选择【画笔工具】,单击属性栏中的 按钮或在菜单栏中选择【窗口】|【画笔】命令或按 F5 键,可调出【画笔】面板,如图 3-8 所示。

1. 画笔面板设置

【画笔笔尖形状】的设置与应用技巧:可以设置画笔笔尖的样式、直径、硬度,还可以设置画笔的翻转、角度、圆度和间距等,如图 3-9 所示。

- 大小 :用于定义笔尖的直径,1~2500 像素。
- X/Y 方向翻转:设置 的效果如图 3-10 所示。
- 角度 :用于定义笔尖的角度,调节范围为 -180°~180°。0°、90°、180° 效果如图 3-11 所示。
- 圆度 :用于定义笔尖的短轴和长轴之间的比例,100% 表示圆形画笔;0 表示线性画笔;介于两者之间为椭圆形画笔。圆度为 100、50、0 的效果如图 3-12 所示。

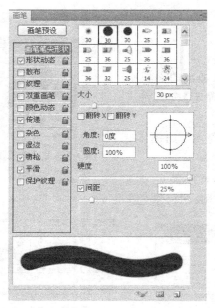

图 3-8 【画笔】面板

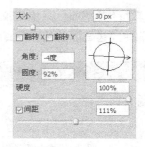

图 3-9 画笔笔尖样式及硬度

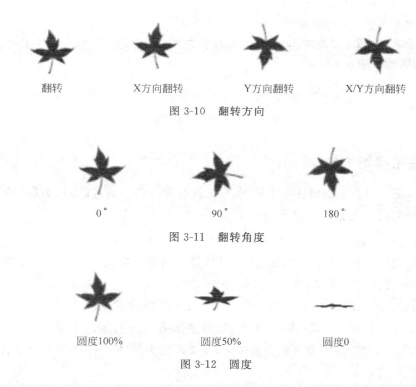

图 3-10 翻转方向

图 3-11 翻转角度

图 3-12 圆度

- 间距 :用于控制两个笔刷点之间的中心距离,值越大,线条断续效果越明显,在 1%～1000%。间距为 50%、150% 的效果如图 3-13 所示。
- 形状动态 :设置动态形状。

图 3-13　不同间距

➢ 大小抖动 大小抖动 ：可以调节画笔抖动大小。大小抖动为 0、100% 的效果如图 3-14 所示。

图 3-14　不同大小抖动

➢ 角度抖动 角度抖动 ：可以调节画笔角度抖动。角度抖动为 0、100% 的效果如图 3-15 所示。

图 3-15　不同角度抖动

➢ 圆度抖动为 0、100% 的效果如图 3-16 所示。

图 3-16　不同圆度抖动

【形状动态】中的"渐隐"设置如下。

在 画笔笔尖形状 中设置："大小"为 100 像素；间距为 80%，效果如图 3-17 所示。

图 3-17　笔尖形状设置

在 形状动态 中设置：控制 渐隐 10 ，最小直径 0% 效果如图 3-18 所示。

图 3-18　渐隐效果

- 散布 ☑散布：可调节画笔散布状态。无散布状态、有散布状态效果如图 3-19 所示。

无散布状态　　　　　　　　　有散布状态

图 3-19　有无散布效果区别

- 纹理 ☑纹理：使画笔添加纹理。正常画笔、添加纹理画笔效果如图 3-20 所示。
- 双重画笔 ☑双重画笔：在画笔中添加画笔。设置举例如图 3-21 所示，效果如图 3-22 所示。

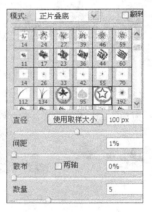

　正常画笔　　　　　　　添加纹理画笔

图 3-20　纹理画笔　　　　　　图 3-21　双重画笔设置

图 3-22 所示左图为设置画笔，中图为添加的画笔，右图为双重画笔。

图 3-22　加画笔效果

- 颜色动态 ☑颜色动态：将前景色和背景色设为不同的颜色，在颜色动态中设置 前景/背景抖动 、色相抖动 、饱和度抖动 、亮度抖动 、纯度 的参数，在图像中拖动鼠标，可得到从前景色至背景色颜色的抖动效果。
- 传递：可以设置不透明度和流量的变化属性。

  不透明度抖动：设置不透明度的随机变化属性。

  流量抖动：设置流量的随机变化属性。
- 其他。
  - ➢ 杂色：为笔触边缘添加杂点。
  - ➢ 湿边：可以绘制类似水彩画的浸湿的边缘扩散效果。
  - ➢ 喷枪：以喷枪模式绘制。
  - ➢ 平滑：使绘制的线条变得平滑。
  - ➢ 保护纹理：可以对所有具有纹理的画笔执行相同的纹理图案和缩放比例，勾选后当使用多个画笔时，可模拟一致的画布纹理效果。

2. 画笔面板菜单

在画笔面板上单击其右上角的小三角按钮 ，打开【画笔】面板菜单，【画笔】面板菜单如图 3-23 所示。

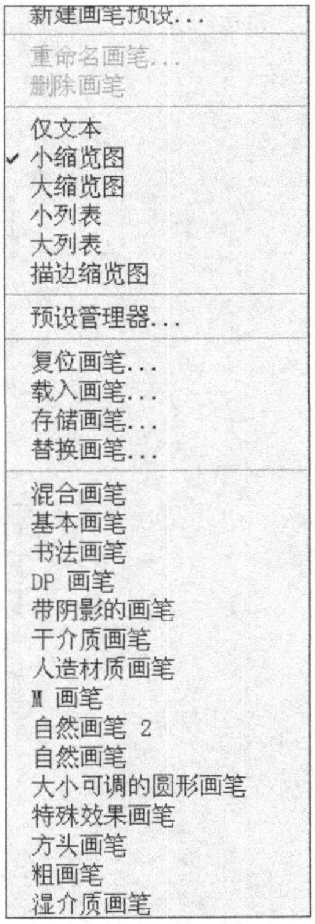

- 存储画笔：建立新画笔后，为了方便以后使用，可以将画笔保存起来，方法是单击【画笔】面板菜单中的【存储画笔】命令，保存文件格式为 ABR。
- 载入画笔：可以将已经保存的画笔（网上下载的画笔也可）安装进来使用，其方法是在【画笔】面板菜单中执行【载入画笔】命令。
- 替换画笔：单击该命令，可以在安装新画笔的同时，替换【画笔】面板中原有的画笔。
- 复位画笔：用于重新设置【画笔】面板中的画笔。选择【确定】，将改为默认设置；选择【追加】，将在现有画笔中追加默认设置中的画笔。【复位画笔】对话框如图 3-24 所示。
- 新建画笔预设：选择此命令，可以对当前所选画笔重新命名。
- 仅文本：选择此命令，即在【画笔】面板中只显示画笔名称，如图 3-25 所示。
- 小缩览图：选择此命令，即在【画笔】面板中显示小图标，基本上图标的形状就是画笔形状，如图 3-26 所示。
- 大缩览图：选择此命令，即【画笔】面板中仅显示大图标。
- 小列表：选择此命令，即【画笔】面板中显示小列表，如图 3-27 所示。
- 描边缩览图：选择此命令，即【画笔】面板中显示如图 3-28 所示。

图 3-23 【画笔】面板菜单

图 3-24 【复位画笔】对话框

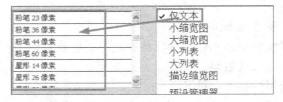

图 3-25 仅文本

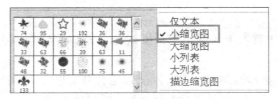

图 3-26 小缩览图

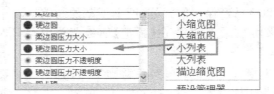

图 3-27 小列表

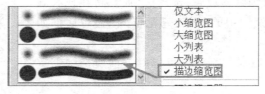

图 3-28 描边缩览图

3.3 任务实施步骤

3.3.1 任务1的实施:"绘制三原色混色图"的制作步骤

设计目标

通过制作"绘制三原色混色图",掌握【画笔工具】属性栏中笔尖、大小、模式的设置。

设计思路
- 设置前景色。
- 【画笔工具】笔尖样式硬边圆。
- 使用【画笔工具】设置大小。
- 【画笔工具】模式为滤色。

设计效果
设计效果图如【二维码 3-1】所示。

操作步骤

第 1 步：选择【文件】|【新建】菜单命令，新建一个文件，文件名为"三原色混色图"，设置大小为 400 像素×400 像素，RGB 彩色模式，背景透明。

第 2 步：新建图层，设前景色为红色(R:255,G:0,B:0)，选择【画笔工具】,【笔尖样式】为"硬边圆",【大小】为 150px，画笔在画布上单击，效果如图 3-29 所示。

第 3 步：设前景色为绿色(R:0,G:255,B:0)，画笔设置模式为"滤色",【笔尖样式】为"硬笔圆",【大小】为 150px，画笔在画布上单击，效果如图 3-30 所示。

图 3-29 红色圆

图 3-30 红绿圆

第 4 步：设前景色为蓝色(R:0,G:0,B:255)，画笔设置模式为"滤色",【笔尖样式】为"硬笔圆",【大小】为 150px，画笔在画布上单击，效果如图 3-31 所示。

第 5 步：保存文件，格式为："三原色混色图.psd""三原色混色图.jpeg"和"三原色混色图.png"。效果图如【二维码 3-1】所示。

注：观察交叉部分的颜色变化（品红色——绿色的补色、青色——红色的补色、白色——三原色及三补色等比例混合的颜色），光的三原色——红、绿、蓝和光的三补色——黄、品、青，即绘制完毕。

图 3-31 红绿蓝圆

3.3.2 任务 2 的实施："绘制一张邮票"的制作步骤

设计目标
通过"绘制一张邮票"，掌握如何使用【铅笔工具】和【画笔】面板的设置。

设计思路

- 调整画布大小。
- 使用【铅笔工具】绘制齿孔。
- 使用【裁剪工具】裁剪形成齿孔。

设计效果

设计效果图如【二维码 3-2】所示。

操作步骤

第 1 步：选择【文件】|【打开】命令打开文件名为"风景.jpeg"的图片，然后，选择【图像】|【图像大小】命令将照片的图像大小进行调整，可以根据自己的需要在【像素大小】里进行调整。这里，我们调整【宽度】为 700 像素，【高度】为 497 像素，如图 3-32 所示。

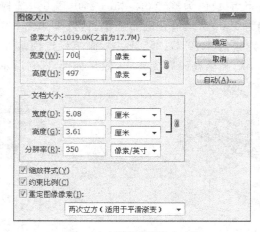

图 3-32　调整【图像大小】

第 2 步：设前景色为白色。给图片扩边就是扩充它的画布大小，选择【图像】|【画布大小】给照片的【宽度】、【高度】各扩充 3 厘米（可选相对，数值为 3），如图 3-33 所示。效果如图 3-34 所示。

图 3-33　调整【画布大小】

图 3-34　调整后效果

第3步：在工具栏中选择【铅笔工具】，打开【画笔预设】选取器，【笔尖】设置为"硬边圆"，【大小】设置为22px，【硬度】设置为100%，如图3-35所示。

第4步：按F5键打开【画笔】面板，设置画笔【间距】为130%，如图3-36所示。

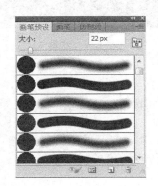

图 3-35　铅笔笔尖大小设置

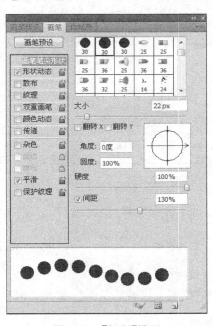

图 3-36　【间距】设置

第5步：前景色设置为黑色（R：0，G：0，B：0），然后，按住 Shift 键，用【铅笔工具】沿着图片四周进行拖曳。效果如图3-37所示。

第6步：在工具栏中选择【矩形选择工具】，用【图像】|【裁剪】命令把黑色的圆点裁掉一半，形成齿孔。效果如图3-38所示。

第7步：选择【图像】|【画布大小】命令，【宽度】和【高度】各扩展2厘米，前景色还是黑色，如图3-39所示。

第8步：给图片添加一些邮票的元素，如邮票所含的邮资面值、"中国邮政"等字样，如图3-40所示。

图 3-37　铅笔拖曳效果

图 3-38　裁剪效果

图 3-39　【画布大小】对话框

图 3-40　效果

第 9 步：保存文件，格式为：".psd"和".jpeg"。

3.3.3　任务 3 的实施："绘制一张音乐贺卡"的制作步骤

设计目标

通过"绘制一张音乐贺卡"，掌握如何自定义画笔，体现画笔的强大功能。

设计思路

- 使用【画笔工具】与【渐变工具】创建背景。
- 使用【魔棒工具】创建人物和吉他选区，复制到画布中。
- 自定义画笔。
- 使用【画笔工具】绘制图形。

设计效果

设计效果图如【二维码 3-3】所示。

操作步骤

第 1 步：选择【文件】|【新建】命令，新建一个文件，文件名为"音乐贺卡"，预设纸张为

国际标准纸张 A4，RGB 彩色模式，背景为深蓝色（♯0a3556），如图 3-41 所示。

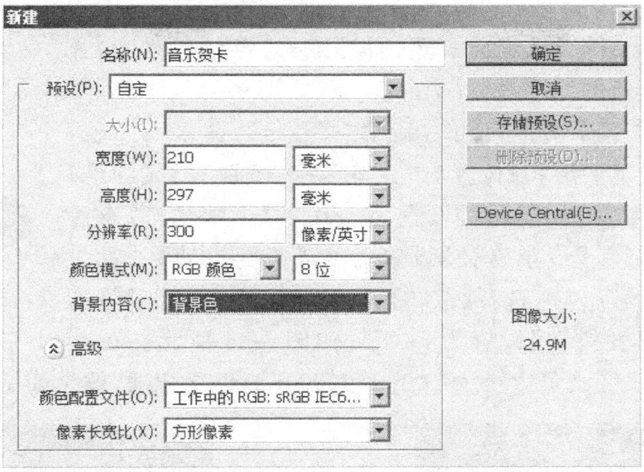

图 3-41 【新建】文件设置

第 2 步：新建一个"图层 1"，设置前景色为白色，选择【画笔工具】，【笔尖形状】设置为"柔边圆压力不透明度"，【大小】设置为 1000px，【属性】设置为"不透明度 45％"，开始轻轻地在画布上绘画。

第 3 步：新建"图层 2"，并添加一个渐变，背景设置为深蓝色（♯0c70ed），前景设置为淡蓝色（♯ace0f2），在工具栏选择【渐变工具】，鼠标箭头从下到中部拉伸，图层不透明度为 70％。

第 4 步：选择【文件】|【打开】命令，打开素材"吉他手.png"，用【魔棒工具】选择人和吉他周围，按 Ctrl＋Shift＋I 组合键反选，按 Ctrl＋C 组合键复制到新建"图层 3"中，使用【移动工具】调整位置，使用【自由变换】工具调整大小，效果如图 3-42(a)所示。

第 5 步：使用【套索工具】选择吉他头部，删除吉他的头部。效果如图 3-42(b)所示。

图 3-42 魔棒和套索

第 6 步：选择【文件】|【新建】命令，新建一个文件，设置【大小】为 900 像素×600 像

素,前景色为黑色,选择【自定义形状工具】,【形状】选择"音符",拖动绘制音符,如图 3-43 所示。

第 7 步:选择【编辑】|【定义画笔预设】工具,定义名称为"音符",即创建好一个新的笔刷。

第 8 步:返回"音乐贺卡"文件,新建"图层 4",前景为白色,选择【画笔工具】,【笔尖形状】设置为"音符",按 F5 键打开【画笔】面板,【大小】设置为 50px,【间距】设置为 130%,【形状动态】设置为"大小抖动 100%",【最小直径】设置为 0,【角度抖动】设置为 25%,【圆角抖动】设置为 0;选择【散布】,【散布】设置为 1000%;选择【传递】,【不透明度抖动】设置为 100%,如图 3-44 所示。在画布上部拖动画笔,改变画笔大小为 100px 和 200px,再次拖动,效果如图 3-45 所示。

图 3-43　音符

图 3-44　画笔大小 50

图 3-45　画笔大小 200

第 9 步:在第 2 步操作所在图层,设置前景色为白色,选择【画笔工具】,【笔尖形状】设置为"柔边圆压力不透明",【大小】设置为 1000px,【属性】设置为"不透明度 45%",在吉他上部的画布上轻轻绘画。添加文字,保存文件完成制作步骤。效果如【二维码 3-3】所示。

3.4　上机实训

3.4.1　实训 1:绘制一张新年贺卡

实训目的

掌握【魔棒工具】抠图和【画笔面板】的应用。

实训内容

使用不同的笔尖,通过设置【画笔】面板,绘制如【二维码 3-4】所示的效果图。

实训步骤

第 1 步:选择【文件】|【新建】菜单命令,新建一个文件,文件名为"新年贺卡",设置大

小为 900 像素×600 像素,RGB 彩色模式。

第 2 步:设置背景色为♯f4990a,前景色为♯f42009,用【渐变工具】填充背景。

第 3 步:打开图片"猴 1.jpg",用【魔棒工具】选择白色,按 Ctrl+Shift+I 组合键反选,按 Ctrl+C 组合键复制到"新年贺卡"文件的新建"图层 1"中,用【移动工具】调整位置,用【自由变换工具】调整大小。

第 4 步:打开图片"猴 2.jpg",用【魔棒工具】选择白色,按 Ctrl+Shift+I 组合键反选,按 Ctrl+C 组合键复制到新建"图层 2"中,用【移动工具】调整位置,用【自由变换】工具调整大小。

第 5 步:新建"图层 3",选择【画笔工具】,【笔尖形状】设置为"草",按 F5 键打开【画笔面板】,【大小】设置为 130px,【间距】设置为 50%,【形状动态大小抖动】设置为 100%,【最小直径】设置为 20%,【散布】设置为 200%,【颜色动态】用默认值,在画布底部拖动画笔。【笔尖大小】改变为 50,在底部靠上,再次拖动。

第 6 步:新建"图层 4",选择【画笔工具】,【笔尖形状】设置为"流星",按 F5 键打开【画笔面板】,【大小】设置为 20px,【间距】设置为 100%,【形状动态大小抖动】设置为 100%,【最小直径】设置为 20%,【散布】设置为 200%,在画布上部拖动画笔。【画笔大小】改变为 50,再次拖动。

第 7 步:新建"图层 5",选择【画笔工具】,【笔尖形状】设置为"柔边圆",【大小】设置为 100px,单击 3~5 次,效果如图 3-46 所示。

图 3-46　柔边圆画笔

第 8 步:选择【文字工具】,输入"猴年吉祥"。

第 9 步:保存文件,完成制作步骤。

3.4.2　实训 2:绘制立体圆球

实训目的

【渐变填充】和【画笔工具】的应用。

实训内容

使用【画笔工具】改变笔尖形状,设置画笔属性,绘制如【二维码 3-5】所示的"立体圆球"图形效果。

实训步骤

第 1 步:选择【文件】|【新建】菜单命令,新建一个文件,文件名为"立体圆球",设置大小为 900 像素×600 像素,RGB 彩色模式,背景为白色。

第 2 步:设置前景色为♯ecf40a,背景色为♯1995ec,渐变填充背景。

第 3 步:新建图层,选择【画笔工具】,【笔尖形状】设置为"硬边圆",【大小】设置为 200px,前景色为黑色,在画面合适位置单击背景,出现一个黑色圆。改变前景色为红色,在画面合适位置单击,出现一个红色圆。改变前景色为橙色♯ff8a00,在画面合适位置单击,出现一个橙色圆。

第 4 步:新建图层,选择【画笔工具】,【笔尖形状】设置为"柔边圆",【大小】设置为 100px,属性中【流量】设置为 30%,在每个圆左上部单击,实现左上部光点。改变【大小】为 100px,【流量】设置为 35%,在每个圆右下部单击,实现右下部光点。

第 5 步:新建图层,移动此图层到背景层上,其他图层下,前景色为黑色,选择【画笔工具】,【笔尖形状】设置为"柔边圆",【大小】设置为 50px,属性中【流量】设置为 30%,在每个圆外右下部拖动,实现右下部阴影。

第 6 步:保存文件,完成制作步骤。

图像的色彩和色调调整

色彩和色调调整是图像处理的重要内容,主要包括对图像的亮度、对比度、饱和度以及色相的调整。通过 Photoshop CS5 提供的大量色彩和色调调整工具,可呈现丰富的色彩变化和色彩效果。

本章主要内容

- 色彩。
- 色调。

能力培养目标

要求学生熟练掌握 Photoshop CS5 中色彩和色调的基本操作,以及运用色彩和色调工具完成图像的调整。

4.1 任务导入与问题的提出

4.1.1 任务导入

任务 1:制作梦幻紫色的图像效果

制作"云雾黄山",设计效果图如【二维码 4-1】所示。

任务 2:制作水彩图像的图像效果

制作水彩图像,设计效果图如【二维码 4-2】所示。

任务 3:转换照片效果(注:即将照片或图像转换为傍晚效果)

制作傍晚效果的照片,设计效果图如【二维码 4-3】所示。

4.1.2 问题与思考

- Photoshop CS5 中色谱有哪几种?
- Photoshop CS5 中调整颜色的方法有哪些?

- Photoshop CS5 中如何编辑颜色？
- Photoshop CS5 中预设的图像调整方法有哪些？

4.2 知 识 点

4.2.1 图像的色彩调整

1. 了解颜色

三种色光 RGB（红色、绿色和蓝色）按照不同的组合添加在一起时，可以生成可见色谱中的所有颜色。显示器就是使用这种加色原色来创建颜色的。与显示器不同，打印机使用减色原色 CMYK（青色、洋红色、黄色和黑色颜料）并通过减色混合来生成颜色。

颜色模型（如 RGB、CMYK 或 HSB）表示用于描述颜色的不同方法，用于描述在数字图像中看到和使用的颜色。在 Photoshop 中，文档的颜色模式决定了用于显示和打印所处理的图像的颜色模型。

每台设备（如显示器或打印机）都有自己的色彩空间并只能重新生成其色域内的颜色。将图像从一台设备移至另一台设备时，使用色彩管理以确保大多数颜色相同或很相似，从而使这些图像的外观保持一致。

2. 选取颜色

Photoshop 使用【吸管工具】、【颜色】面板、【色板】面板或 Adobe【拾色器】指定新的前景色或背景色。默认前景色是黑色，默认背景色是白色。【拾色器】对话框如图 4-1 所示。

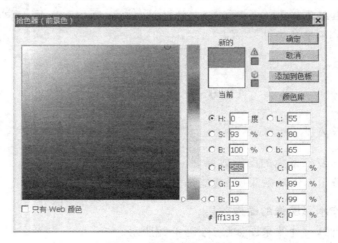

图 4-1 【拾色器】对话框

新建一个图像时，可选的色彩模式有：位图、灰度、RGB 颜色、CMYK 颜色、Lab 颜色。

在工具箱中选取颜色，其中 为默认颜色（快捷键为 D）； 为切换颜色（快捷键为 X）；单击颜色选择框，在相应的【拾色器】中选取颜色。

(1) 鼠标移出【拾色器】时变成【吸管工具】（快捷键为 I）。

(2) 在选项栏中，从【取样大小】中选择更改吸管的取样大小。

(3) 在【样本】中选择"所有图层"或"当前图层"。

(4) 选择"显示取样环"。

(5) 在图像内单击，或者按住鼠标左键并在屏幕上随意拖动显示光标当前位置颜色，释放鼠标，即可拾取新颜色。

(6) 直接使用工具栏中的【吸管工具】时，按住 Alt 键可直接拾取新背景色。

在 Adobe【拾色器】中选择颜色时，会同时显示 HSB、RGB、Lab、CMYK 和十六进制数的数值。这对于查看各种颜色模型描述颜色的方式非常有用。

3. 颜色面板

【颜色】面板显示当前前景色和背景色的颜色值。调整滑块数值，可以利用几种不同的颜色模型来编辑前景色和背景色。也可以直接在面板底部的色谱中选取前景色或背景色，如图 4-2 所示。

4. 在色板面板中选择一种颜色

色板可存储经常使用的颜色。可以在面板中添加或删除颜色，或者为不同的项目显示不同的颜色库。【色板】面板如图 4-3 所示。

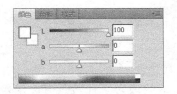

图 4-2 【颜色】面板

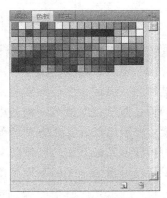

图 4-3 【色板】面板

(1) 要选取前景色，单击【色板】面板中的颜色。

(2) 要选取背景色，按住 Ctrl 键单击【色板】面板中的颜色。

4.2.2 图像的色调调整

1. 查看直方图和像素值

直方图用图形表示图像的每个亮度级别的像素数量，展示像素在图像中的分布情况。直方图显示阴影中的细节（在直方图的左侧部分显示）、中间调（在中部显示）以及高光（在右侧部分显示）。直方图可以直观显示图像是否有足够的细节来进行良好的校正。

直方图显示可以通过在【曲线】对话框中选择【曲线显示选项】下的【直方图】选项，如图 4-4 所示；或单击【直方图】选项卡，打开【直方图】面板，如图 4-5 所示。

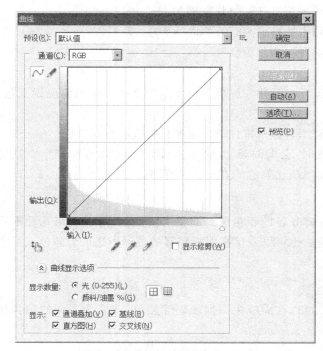
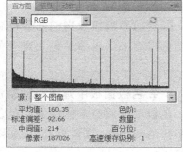

图 4-4 【曲线】面板直方图显示　　　　图 4-5 【直方图】面板

面板将在直方图下方显示以下统计信息。
- 平均值：表示平均亮度值。
- 标准偏差：表示亮度值的变化范围。
- 中间值：显示亮度值范围内的中间值。
- 像素：表示用于计算直方图的像素总数。
- 色阶：显示光标下面的区域的亮度级别。
- 数量：表示相当于光标下面亮度级别的像素总数。
- 百分位：显示光标所指的级别或该级别以下的像素累计数。值以图像中所有像素的百分数的形式来表示，从最左侧的 0 到最右侧的 100%。
- 高速缓存级别：显示当前用于创建直方图的图像高速缓存。原始图像的高速缓存级别为 1。每个级别都是它下一个级别的尺寸的一半，会更加快速地显示直方图。

2. 查看图像中的颜色值

对颜色进行校正时，可以使用【信息】面板查看像素的颜色值。当使用【色彩调整】对话框或【调整】面板时，【信息】面板显示光标下像素的两组颜色值，如图 4-6 所示。左栏中的值是像素原来的颜色值，右栏中的值是调整后的颜色值。

选择【吸管工具】或【颜色取样器工具】，并在选项栏中选择样本大小（如有必要）。【取样点】用于读取单一像素的值，其他选项用于读取像素区域的平均值。如果选择了【颜色取样器工具】，则最多可在图像上放置四个颜色取样器，如图 4-7 所示。

图 4-6 【信息】面板　　　　图 4-7 四个颜色取样器

3. 使用色阶调整色调范围

可以使用【色阶】调整通过调整图像的阴影、中间调和高光的强度级别，从而校正图像的色调范围和色彩平衡，如图 4-8 所示。

默认情况下，【输出色阶】滑块分别位于色阶 0（像素为黑色）和色阶 255（像素为白色）。移动黑场输入色阶滑块，则会将像素值映射为色阶 0，而移动白场输入色阶滑块则会将像素值映射为色阶 255。其余的色阶将在色阶 0～255 之间重新分布。这种重新分布，实际上增强了图像的整体对比度，如图 4-9 所示。

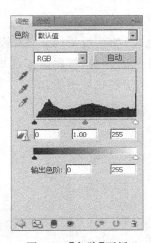 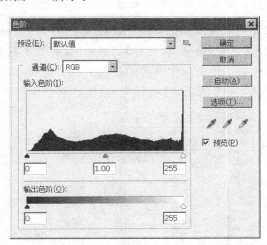

图 4-8 【色阶】面板　　　　图 4-9 【色阶】对话框

注意：如果剪切了阴影，则像素为黑色，没有细节。如果剪切了高光，则像素为白色，没有细节。

（1）向左移动中间的【输入色阶】滑块可使整个图像变亮，高光会被压缩；向右移动会产生相反的效果,使图像变暗。

(2) 单击【自动】按钮以应用默认自动色阶调整。

(3) 要尝试其他自动调整选项,请从【调整】面板菜单中选择【自动选项】,然后更改【自动颜色校正选项】对话框中的【算法】,如图4-10所示。

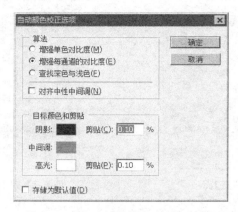

图4-10 【自动颜色校正选项】对话框

4. 使用曲线调整颜色和色调

在【曲线】调整中更改曲线的形状,可调整图像的色调和颜色。将曲线上移或下移可以使图像变亮或变暗。曲线中较陡的部分表示对比度较高的区域;曲线中较平的部分表示对比度较低的区域。如果将【曲线】调整设置为显示色阶,移动曲线顶部的点可调整高光。移动曲线中心的点可调整中间调,而移动曲线底部的点可调整阴影,如图4-11所示。

注意:对大多数图像进行色调和色彩校正时只需进行较小的曲线调整。

5. 使用吸管工具进行颜色校正

使用【色阶】调整或【曲线】调整中的【吸管工具】校正色调,如从过量的颜色中移去不需要的色调。平衡图像色彩的简易方法:先确定应为中性色的区域,然后从该区域移去色调,如图4-12所示。【吸管工具】最适用于具有易于辨识的中性色的图像。

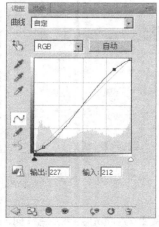 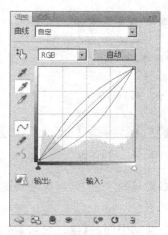

图4-11 调整【曲线】面板　　图4-12 使用【吸管工具】进行颜色校正

6. 调整色相和饱和度

使用【色相/饱和度】可调整图像中特定颜色范围的色相、饱和度和亮度，或同时调整图像中的所有颜色，如图 4-13 所示。尤其适用于微调 CMYK 图像中的颜色，以便它们处在输出设备的色域内。

【自然饱和度】调整饱和度以便在颜色接近最大饱和度时最大限度地减少修剪。该调整增加与已饱和的颜色相比不饱和的颜色的饱和度，还可防止肤色过度饱和，如图 4-14 所示。

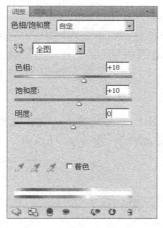

图 4-13 【色相/饱和度】面板

图 4-14 【自然饱和度】面板

7. 改善阴影和高光细节

【阴影/高光】命令适用于校正由强逆光而形成剪影的照片，或者校正由于太接近相机闪光灯而有些发白的焦点。在用其他方式采光的图像中，这种调整也可用于使阴影区域变亮，如图 4-15 所示。【阴影/高光】命令不是简单地使图像变亮或变暗，它基于阴影或高光中的周围像素（局部相邻像素）增亮或变暗。正因为如此，阴影和高光都有各自的控制选项。默认值设置为修复具有逆光问题的图像。

4.2.3 图像的特殊色调调整

1. 降低颜色的饱和度

【去色】命令将彩色图像转换为灰度图像，图像的颜色模式保持不变。与饱和度设置为 -100 效果相同。在处理多层图像时仅转换所选图层。

2. 反相颜色

【反相】调整反转图像中的颜色。可以在创建

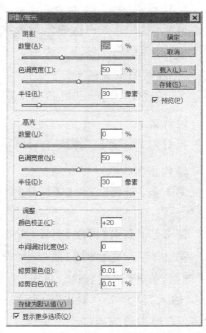

图 4-15 【阴影/高光】对话框

边缘蒙版的过程中使用【反相】,以便向图像的选定区域应用锐化和其他调整。

注意:由于彩色打印胶片的基底中包含一层橙色掩膜,因此【反相】调整不能从扫描的彩色负片中得到精确的正片图像。在扫描胶片时,一定要使用正确的彩色负片设置。

3. 创建带有两个值的黑白图像

【阈值】调整将灰度或彩色图像转换为高对比度的黑白图像。可以指定某个色阶作为阈值。所有比阈值亮的像素转换为白色;而所有比阈值暗的像素转换为黑色。

4. 使图像色调分离

使用【色调分离】调整,可指定图像中每个通道的色调级数目(或亮度值),然后将像素映射到最接近的匹配级别。通常用在照片中创建特殊效果,如创建大的单调区域时,此调整非常有用。当减少灰色图像中的灰阶数量时,效果最为明显,也会在彩色图像中产生有趣的效果。

5. 在图像中应用渐变映射

【渐变映射】调整将相等的图像灰度范围映射到指定的渐变填充色。如果指定双色渐变填充,例如,图像中的阴影映射到渐变填充的一个端点颜色,高光映射到另一个端点颜色,则中间调映射到两个端点颜色之间的渐变。

4.3 任务实施步骤

4.3.1 任务1的实施:"云雾黄山海报"的制作步骤

设计目标

通过制作"云雾黄山海报",掌握曲线和色相的使用方法。

设计思路

- 调整图像的色彩。
- 通过使用曲线和色相制作紫色梦幻效果。

设计效果

设计效果图如【二维码4-1】所示。

操作步骤

第1步:选择【文件】|【打开】命令,选择项目4素材"黄山.jpg",单击【确定】按钮打开素材。

第2步:打开【图层】面板,拖曳背景图层到 创建新图层,将新图层改名为"曲线"。

第3步:单击【图层】面板中"背景"图层前的【可见性】 按钮,隐藏背景。选择"曲线"图层,打开【调整】面板,单击【曲线】 按钮,打开【曲线】面板;单击曲线,添加一个灰场:"输入"设为63,"输出"设为15;单击曲线添加一个灰场中:"输入"设为127,"输出"设为63;单击曲线添加一个灰场:"输入"设为191,"输出"设为127,如图4-16所示。

第4步:按Ctrl+Shift+Alt+E组合键,创建盖印可见图层"色相饱和度"。

第 5 步：打开【调整】面板，单击【色相/饱和度】■按钮，打开【色相/饱和度】面板；选择绿色：色相为 -180，饱和度为 +20；选择青色：色相为 -180，饱和度为 +40；勾选【着色】，如图 4-17 所示。

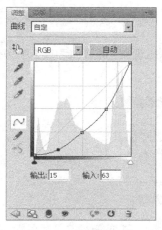 

图 4-16 【曲线】调整　　　　　　图 4-17 【色相/饱和度】调整

第 6 步：选择【文件】|【存储为】命令，保存文件为"云雾黄山.psd"，如图 4-18 所示。

图 4-18 "云雾黄山"效果图

4.3.2 任务 2 的实施："水彩图像"的制作步骤

设计目标

通过制作"水彩图像"，掌握色调分离、匹配颜色及水彩滤镜的应用。

设计思路

- 通过色调分离产生大面积色块，适于制作水彩效果。
- 通过匹配颜色，移植水彩颜色。
- 使用水彩滤镜，产生绚烂的画面效果。

设计效果

设计效果图如【二维码 4-2】所示。

操作步骤

第 1 步：选择【文件】|【打开】命令，选择项目 4 素材"樱花.jpg""水彩素材 2.jpg"，单击【确定】按钮打开素材。

第 2 步：切换到"樱花.jpg"，复制一份背景图层，将新图层改名为"自动色调"。选择新建的图层，选择【图像】|【自动色调】命令。

第 3 步：选择【图像】|【调整】|【自然饱和度】命令，设置【自然饱和度】为 40，如图 4-19 所示。

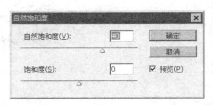

图 4-19 【自然饱和度】设置

第 4 步：选择【图像】|【调整】|【匹配颜色】命令，打开【匹配颜色】对话框。设置【源】为"水彩素材 2.jpg"，【颜色强度】为 80，如图 4-20 所示，单击【确定】按钮。

图 4-20 【匹配颜色】设置

第 5 步：打开【调整】面板，单击【色调分离】按钮，打开【色调分离】面板。【色阶】设为 8，如图 4-21 所示。

第 6 步：选择【自动色调】图层，选择【滤镜】|【艺术效果】|【水彩】，设置【画笔细节】为 9、【阴影强度】为 0、【纹理】为 2，如图 4-22 所示。单击【确定】完成设置。

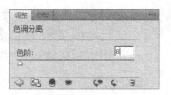

图 4-21 【色调分离】设置

图 4-22 【水彩】滤镜设置

第 7 步：选择【文件】|【存储为】命令，保存文件为"樱花.psd"，效果如图 4-23 所示。

图 4-23 水彩效果

4.3.3 任务 3 的实施："转换照片效果"的制作步骤

设计目标

运用 Lab 通道增强色彩，更换背景，降低亮度和饱和度，合成傍晚效果。

设计思路

- 使用 Lab 通道增强色彩。
- 选取天空选区，更换背景，其余部分改变亮度。

设计效果

设计效果图如【二维码4-3】所示。

操作步骤

第1步：选择【文件】|【打开】命令，打开素材"庭院.jpg"。

第2步：选择【图像】|【模式】|【Lab颜色】，转换成Lab模式。

第3步：选择【图像】|【调整】|【曲线】，调整明度，插入一个灰场：【输入】为75，【输出】为25；插入一个灰场：【输入】为50，【输出】为8，如图4-24所示。调整a通道，插入一个灰场：【输入】为0，【输出】为0；插入一个灰场：【输入】为50，【输出】为100；插入一个灰场：【输入】为－35，【输出】为－100，如图4-25所示。调整b通道，插入一个灰场：【输入】为0，【输出】为0；插入一个灰场：【输入】为60，【输出】为100；插入一个灰场：【输入】为－25，【输出】为－100，如图4-26所示。单击【确定】按钮完成调整。

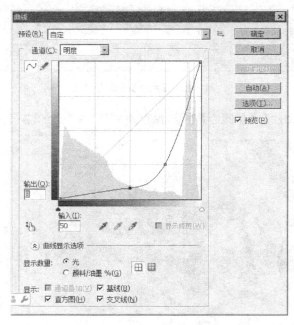

图4-24 Lab曲线"明度"通道设置

第4步：选择【图像】|【模式】|【RGB颜色】，转换成RGB模式。

第5步：打开【通道】面板，选择蓝色通道，使用【套索工具】，套取天空部分，如图4-27所示，填充黑色；选择【选择】|【存储选区】命令；选取RGB通道，打开图层面板。

第6步：复制背景图层，选择【选择】|【载入选区】命令，选择Alpha 1通道，单击【确定】按钮，如图4-28所示。

第7步：选择【图像】|【调整】|【色相/饱和度】，设置【色相】为－67，【饱和度】为－18、【明度】为－13，如图4-29所示。按Ctrl＋Shift＋I组合键反选，调整【亮度/对比度】，设置【亮度】为－80，如图4-30所示，单击【确定】按钮完成设置。

第8步：选择【文件】|【存储为】命令，保存文件为"庭院.jpg"，效果如图4-31所示。

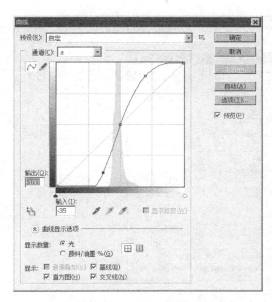

图 4-25　Lab 曲线 a 通道设置　　　　图 4-26　Lab 曲线 b 通道设置

图 4-27　天空部分的套索选区

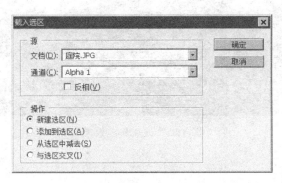

图 4-28　【载入选区】对话框

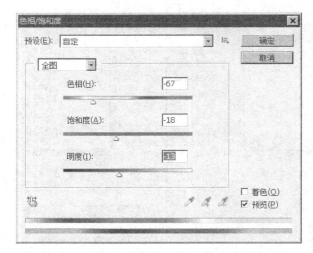

图 4-29 天空部分的【色相/饱和度】设置

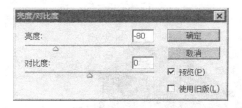

图 4-30 非天空部分的【亮度/对比度】设置

图 4-31 庭院傍晚效果

4.4 上机实训

4.4.1 实训 1：制作一张秋景图

实训目的
- 掌握通道混合器的设置方法。
- 掌握色彩的设置方法。

实训内容

秋景图合成，如图 4-32 所示。

图 4-32　秋景效果图

实训步骤

本实训可用两种方法实现。

方法 1 的步骤如下。

第 1 步：打开素材"秋色.jpg"，复制背景图层。

第 2 步：打开调整下的通道混合器，选择输出通道为"红"，设置【红色】为－50%、【绿色】为＋200%、【蓝色】为－50%。

第 3 步，保存为"秋色.psd"。

方法 2 的步骤如下。

第 1 步：打开素材"秋色.jpg"，复制背景图层。

第 2 步：模式转换成 Lab 颜色，不合并。

第 3 步：选择应用图像为 b 通道，应用【叠加混合】命令，单击【确定】按钮完成设置。

第 4 步：保存为"秋色.psd"。

4.4.2 实训 2：制作一张灰旧风格的老照片

实训目的

颜色和色调调整的应用。

实训内容

制作一张灰旧风格的老照片，如图 4-33 所示。

图 4-33　灰旧风格的老照片

实训步骤

第 1 步：打开"奶牛.jpg"。

第 2 步：打开调整下的【色相/饱和度】，全图的【色相】设置为 126、【饱和度】设置为 9、【明度】设置为 -9、着色，单击【确定】按钮。

第 3 步：右击背景图层，转为智能对象。

第 4 步：打开【模糊滤镜】下的【表面模糊】，【半径】设置为 3 像素，【阈值】设置为 11 色阶，单击【确定】按钮。

第 5 步：打开【模糊滤镜】下的【动感模糊】，【角度】设置为 15°，【距离】设置为 4 像素，单击【确定】按钮。

第 6 步：打开【镜头校正滤镜】，【晕影】设置为 -100，单击【确定】按钮完成设置。

第 7 步：保存为"奶牛.psd"。

编辑与修饰图像

编辑与修饰图像是 Photoshop 的两大基本功能,编辑图像是基础,图像修饰工具可以对图像进行仿制、修复、模糊、锐化,使图像产生涂抹效果,色彩减淡、加深,改变图像色彩的饱和度,也可以轻松地将带有缺陷的照片修复成靓丽照片。

本章主要内容

- 编辑图像。
- 修饰图像。

能力培养目标

要求学生熟练掌握 Photoshop CS5 中编辑与修饰图像的基本工具及基本操作方法,以及运用编辑与修饰工具快速地对图像进行编辑和修复。

5.1 任务导入与问题的提出

5.1.1 任务导入

任务 1:制作一张大树倒影效果图

设计制作一张大树倒影的效果图,设计效果图如【二维码 5-1】所示。

任务 2:制作一张漂移陆地效果图

设计制作一张漂移陆地效果图,设计效果图如【二维码 5-2】所示。

任务 3:修复一张人物图像

修复一张破损照片,使它变成清晰完美的照片,设计效果图如【二维码 5-3】所示。

5.1.2 问题与思考

- Photoshop CS5 中图像编辑的基本操作有哪些?
- 如何剪切、复制图像?

- 什么叫合并拷贝和贴入？它和复制有什么区别？
- 图像的旋转和变形操作有哪几种？
- 图像修饰工具有哪些？有什么作用？
- 图像修复工具有哪些？有什么作用？
- 要完成 5.1.1 小节的三个任务，将会应用到哪些工具和命令？

5.2 知 识 点

5.2.1 Photoshop 图像的基本编辑与操作

Photoshop CS5 与其他应用程序一样提供了移动、剪切、复制与粘贴等命令，让用户完成一些看似简单实际上却很复杂的工作。这些命令大都集中在【编辑】和【图像】菜单中。

1. 移动图像

在 Photoshop 中，使用【移动工具】可以将选区内或当前图层中的图像移到同一图像的其他位置或其他图像中，如图 5-1 和图 5-2 所示。

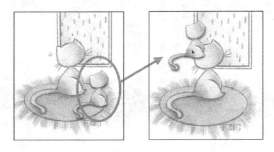

图 5-1　在同一图像中移动

图 5-2　将图像移入其他图像

2. 复制图像

要复制图像，可根据所需进行如下操作。

方法 1：制作好选区后，选择【编辑】|【拷贝】命令菜单或按 Ctrl＋C 组合键，将图像复制，然后选择【编辑】|【粘贴】命令菜单或按 Ctrl＋V 组合键，即可复制出选区内的图像，如图 5-3 所示。

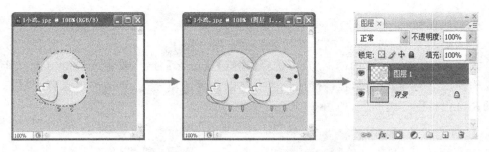

图 5-3 复制出选区内的图像

方法 2：按 Ctrl+J 组合键，可将当前图层或选区内的图像复制到新图层中，且被复制的图像与原图像完全重合，用【移动工具】移动图像可以看到复制的图层。

方法 3：将要复制图像所在的图层拖曳到【图层】面板底部的【创建新图层】按钮上，可以快速复制出该图层的副本图层。

方法 4：选择【移动工具】后，按住 Alt 键，当光标呈 形状时拖动鼠标即可；按住 Alt+Shift 组合键同时拖动鼠标，可垂直、水平、45°复制选区内的图像，如图 5-4 所示。

3. 合并拷贝与贴入命令的使用

使用【合并拷贝】命令可以将选区内显示的多个图层中的图像合并拷贝到剪贴板，以便将其用于其他图像。

使用【贴入】命令只能将选区内的图像复制到其他的选区中，其实该命令是创建一个带蒙版的图层，如图 5-5～图 5-7 所示。

图 5-4 水平复制选区内的图像　　图 5-5 全选图像并执行【合并拷贝】命令

图 5-6 执行【贴入】命令　　图 5-7 执行【贴入】命令后的【图层】面板

4. 删除图像

要删除图像中不需要的图像,可以执行如下任一操作。

方法 1:要删除选区内的图像,可选择【编辑】|【清除】命令,或者按 Delete 键。其中,如果当前图层为背景图层,被清除的选区内将以背景色填充;如果当前不是背景层,被清除的选区内将变为透明区,如图 5-8 所示。

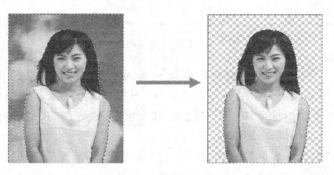

图 5-8　被清除的选区内将变为透明区

方法 2:如果要删除某个图层中的图像,可以将该层拖曳到【图层】面板底部的【删除图层】按钮 上,释放鼠标即可;或者选定要删除的图层,然后按 Delete 键同样可以删除该图层。

5. 改变图像大小与分辨率

在 Photoshop 中,通过改变图像的大小与分辨率可以有效地节约计算机的磁盘空间,还可以更好地输出图像。

要调整图像的大小与分辨率,可选择【图像】|【图像大小】命令,或把鼠标放到图像标题栏上右击,在弹出的菜单中选择【图像大小】命令或按 Alt+Ctrl+I 组合键,打开【图像大小】对话框,在【像素大小】选项组下即可修改图像的像素大小。【像素大小】选项组下的参数主要用来设置图像的尺寸。修改像素大小与分辨率后,新文件的大小会出现在对话框的顶部,旧文件大小在括号内显示,如图 5-9 所示。

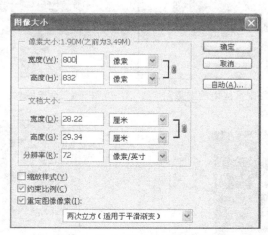

图 5-9　修改【图像大小】对话框

6. 改变画布大小

画布是指整个文档的工作区域，利用【画布大小】命令可以对图像进行裁切或在图像的边缘增加空白区。

要调整画布大小，可选择【图像】|【画布大小】命令或把鼠标放到图像标题栏上右击，在弹出的菜单中选择【画布大小】命令，或按 Alt+Ctrl+C 组合键，打开【画布大小】对话框，在该对话框中可以对画布的宽度、高度、定位和扩展背景颜色进行调整。在其中更改相关参数即可，如图 5-10 所示。

图 5-10　调整画布大小对话框

7. 旋转与翻转画布

利用【图像】|【旋转画布】命令中的各子菜单项，可以将画布分别做【180 度】旋转、【90 度（顺时针）】旋转、【90 度（逆时针）】旋转、【任意角度】旋转、【水平翻转画布】和【垂直翻转画布】，如图 5-11 所示。

图 5-11　旋转 180°图像效果和顺时针旋转 30°图像效果

8. 操作的重复与撤销

（1）使用【编辑】菜单撤销：在 Photoshop 中，如果对图像执行了一步或多步操作后，可在【编辑】菜单中选择相应的命令来撤销单步或多步操作，如图 5-12 所示。

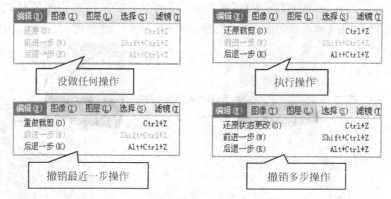

图 5-12　撤销单步或多步操作

（2）使用【历史记录】调板撤销任意操作：选择【窗口】|【历史记录】命令，打开【历史记录】面板，如图 5-13 所示。利用它可撤销前面所进行的操作，并可在图像处理过程中为当前处理结果创建快照，还可以将当前处理结果保存为文件。

图 5-13　【历史记录】面板

5.2.2　裁切与变换图像

1. 用裁剪工具裁切图像

当使用数码相机拍摄照片或将老照片进行扫描时，经常需要裁剪掉多余的内容，使画面的构图更加完美。裁剪图像主要使用【裁剪工具】、【裁剪】命令和【裁切】命令来完成。

（1）在【工具箱】中选择【裁剪工具】，调出其选项栏，如图 5-14 所示。

图 5-14　【裁剪工具】选项栏

- 裁剪预设：单击图标右边的小三角可以打开裁剪的预设管理器，选择一个预设选项后，在画布中拖曳会显示出按预设的高宽比的裁剪区域。
- 前面的图像：单击【前面的图像】按钮，将会显示出当前图像的尺寸与分辨率值。
- 清除：若要自己设定宽高，单击【清除】按钮，清除宽高数值，重新输入宽度、高度和分辨率。

（2）选择【裁剪工具】，在画布中拖曳出裁剪区域后，其选项栏发生了变化，如图5-15所示。

图5-15　拖曳出裁剪区域后，其选项栏发生了变化

- 裁剪区域：指定是要删除还是要隐藏被裁剪掉的区域。选择【删除】，则裁剪后，选框外的图像和画面一起被删除缩小。选择【隐藏】，裁剪后选框外的图像保留在图像文件中。画布变小后，画面中的图像仍保留原大小，移动画面可以显示隐藏的部分。
- 裁剪参考线叠加：有"无""三等分"和"网格"三种，"无"选项即裁剪选框只显示一个方框；"三等分"选项即裁剪选框显示横竖三等分的网格；"网格"选项即裁剪选框显示网格。
- 屏蔽：指定是否想使用裁剪屏蔽来遮盖将被删除或隐藏的图像区域。选中【屏蔽】时，可以为裁剪屏蔽指定颜色和不透明度。取消选择【屏蔽】后，颜色和不透明度选项也会自动取消，裁剪选框外部的区域即显示出来。
- 透视：勾选【透视】选项，可以完成透视畸变校正和图像剪裁。

（3）裁剪图像。选择【裁剪工具】，在画布中拖曳出裁剪区域后，若要移动选框到其他位置，可将光标放在框内并拖曳。若要缩放选框，拖曳边框手柄。如果要约束比例，在拖曳角手柄时按住Shift键。然后按Enter键或双击或单击选项栏右边的按钮，即可完成裁剪。具体使用方法如图5-16~图5-18所示。

图5-16　原图

图5-17　利用【裁剪工具】拖出一个网格方框，方框外的区域为裁切区域

图5-18　裁切后效果

（4）透视裁剪图像。选择【裁剪工具】，在选项栏中选择【透视】选项，在画布中拖曳出裁剪区域后，拖动四角控制点来修正图像的透视畸变，满意后，按 Enter 键或双击或单击选项栏右边的✓按钮，完成裁剪。如图 5-19 所示，应用【透视】选项，将广告牌中的图像裁剪为平面图。

图 5-19　透视裁剪图像

2. 用裁切命令裁切图像

使用【裁切】命令可以基于图像的像素颜色来裁剪图像。执行【编辑】|【裁切】命令，打开【裁切】对话框，如图 5-20 所示。

【裁切】命令选项介绍如下。

- 透明像素：可以裁剪掉图像边缘的透明区域，只将非透明像素区域的最小图像保留下来。该选项只有在图像中存在透明区域时才可用。
- 左上角像素颜色：从图像移去左上角像素颜色的区域。
- 右下角像素颜色：从图像中移去右下角像素颜色的区域。
- 顶/底/左/右：选择一个或多个要裁切的图像区域，设置修正图像区域的方式。

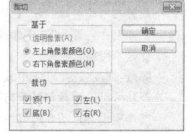

图 5-20　【裁切】对话框

3. 图像的变换

旋转、缩放、扭曲、斜切等是处理图像的基本方法。其中旋转和缩放称为变换操作，而扭曲和斜切称为变形操作。通过执行【编辑】菜单下的【自由变换】和【变换】命令，可以改变图像的形状。

（1）认识定界框、中心点和控制点

在执行【编辑】|【自由变换】命令与执行【编辑】|【变换】命令时，当前对象的周围会出现一个用于变换的定界框，定界框的中间有一个中心点，四周还有控制点，如图 5-21 所示。在默认情况下，中心点位于变换对象的中心，用于定义对象的变换中心，拖曳中心点可以移动它的位置，如图 5-22 所示；控制点主要用来变换图像，如图 5-23 和图 5-24 所示分别是等比例缩小球体与向下压缩球体时的变换效果。

（2）变换操作与效果

在【编辑】|【变换】菜单中提供了各种变换命令，如图 5-25 所示。用这些命令可以对图层、路径、矢量图形，以及选区中的图像进行变换操作。另外，还可以对矢量蒙版和 Alpha 应用变换。

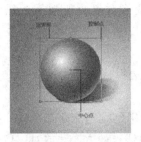　　　　　　　　　　

　　图 5-21　默认情况　　　　　　　图 5-22　拖曳中心点可以移动它的位置

　　图 5-23　等比例缩小球体　　　　　图 5-24　向下压缩球体

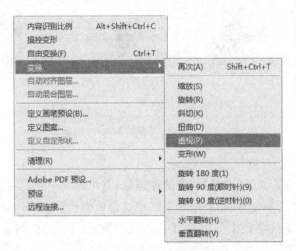

图 5-25　【变换】命令

　　① 缩放。使用【缩放】命令可以相对于变换对象的中心点对图像进行缩放。如果不按任何快捷键，可以任意缩放图像；如果按住 Shift 键，可以等比例缩放图像；如果按住 Shift+Alt 组合键，可以以中心点为基准点等比例缩放图像。

　　② 旋转。使用【旋转】命令可以围绕中心点转动变换对象。如果不按任何快捷键，可以用任意角度旋转图像；如果按住 Shift 键，可以以 15°为单位旋转图像。

　　③ 斜切。使用【斜切】命令可以在任意方向、垂直方向或水平方向上倾斜图像。如果不按任何快捷键，可以在任意方向倾斜图像；如果按住 Shift 键，可以在垂直或水平方向倾斜图像。

④ 扭曲。使用【扭曲】命令可以在各个方向上伸展变换对象。如果不按任何快捷键，可以在任意方向上扭曲图像；如果按住 Shift 键，可以在垂直或水平方向上扭曲图像。

⑤ 透视。使用【透视】命令可以对变换对象应用单点透视。拖曳定界框 4 个角上的控制点，可以在水平或垂直方向上对图像应用透视。

⑥ 变形。如果要对图像的局部内容进行扭曲，可以使用【变形】命令来操作。执行该命令时，图像上将会出现变形网格和锚点，拖曳锚点或调整锚点的方向线或对图像进行更加自由和灵活的变形处理。

操作方法：选择【编辑】|【变换】|【变形】命令，或按 Ctrl＋T 组合键后，在选项栏的右边单击 按钮。可以对选区内的图像或非背景层图像进行变形处理，如图 5-26 所示。

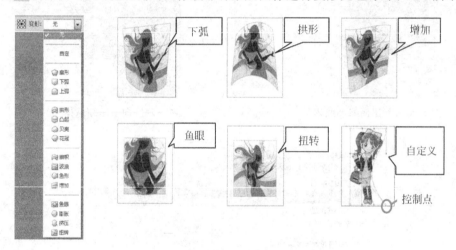

图 5-26 【变形】操作

（3）自由变换操作与效果

【自由变换】命令其实是【变换】命令的加强版，它可以在一个连续的操作中应用旋转、缩放、斜切、扭曲、透视和变形（如果是变换路径，【自由变换】命令将自动切换为【自由变换路径】命令；如果是变换路径上的锚点，【自由变换】命令将自动切换为【自由变换点】命令），并且可以不必选取其他变换命令。

操作方法：选择【编辑】|【自由变换】命令或按 Ctrl＋T 组合键，可以对选区内的图像或非背景层图像进行自由变换，如图 5-27 所示。

在进入自由变换状态以后，Ctrl 键、Shift 键和 Alt 键将经常搭配使用。

- 按住 Shift 键，用鼠标左键拖曳定界框 4 个角上的控制点，可以等比例放大或缩小图像，也可以反方向拖曳形成翻转变换。用鼠标左键在定界框外拖曳，可以以 15°为单位顺时针或逆时针旋转图像。
- 按住 Ctrl 键，用鼠标左键拖曳定界框 4 个角上的控制点，可以形成以对角为直角的自由四边形方式变换。用鼠标左键拖曳定界框边上的控制点，可以形成以对边不变的自由平行四边形方式变换。

图 5-27 【自由变换】操作

- 按住 Alt 键,用鼠标左键拖曳定界框 4 个角上的控制点,可以形成以中心对称的自由矩形方式变换。用鼠标左键拖曳定界框边上的控制点,可以形成以中心对称的等高或等宽的自由矩形方式变换。
- 按住 Shift+Ctrl 组合键,用鼠标左键拖曳定界框 4 个角上的控制点,可以形成以对角为直角的直角梯形方式变换。用鼠标左键拖曳定界框边上的控制点,可以形成以对边不变的等高或等宽的自由平行四边形方式变换。
- 按住 Ctrl+Alt 组合键,用鼠标左键拖曳定界框 4 个角上的控制点,可以形成以相邻两角位置不变的中心对称、自由平行四边形方式变换。用鼠标左键拖曳定界框边上的控制点,可以形成以相邻两边位置不变的中心对称、自由平行四边形方式变换。
- 按住 Shift+Alt 组合键,用鼠标左键拖曳定界框 4 个角上的控制点,可以形成以中心对称的等比例放大或缩小的矩形方式变换。用鼠标左键拖曳定界框边上的控制点,可以形成以中心对称的对边不变的矩形方式变换。
- 按住 Shift+Ctrl+Alt 组合键,用鼠标左键拖曳定界框 4 个角上的控制点,可以形成以等腰梯形、三角形或相对等腰三角形方式变换。用鼠标左键拖曳定界框边上的控制点,可以形成以中心对称的等高或等宽的自由平行四边形方式变换。

5.2.3 细节修饰图像

1. 颜色类修饰工具

(1) 减淡工具

利用【减淡工具】能够表现图像中的高亮度效果。利用【减淡工具】(见图 5-28)在特定的图像区域内进行拖动,然后让图像(见图 5-29)原图的局部颜色变得更加明亮,对处理图像中的高光非常有用,如图 5-30 所示。其选项栏如图 5-31 所示。

图 5-28　颜色类修饰工具组　　图 5-29　原图　　图 5-30　减淡图像效果

图 5-31　【减淡工具】选项栏

- 范围：选择要修改的色调。选择"中间调"选项时，可以更改灰色的中间范围；选择"阴影"选项时，可以更改暗部区域；选择"高光"选项时，可以更改亮部区域。
- 曝光度：可以为【减淡工具】指定曝光度，数值越高，效果越明显。
- 保护色调：可以保护图像的色调不受影响。

(2) 加深工具

【加深工具】与【减淡工具】的功能相反，使用【加深工具】可以表现出图像中的阴影效果。利用该工具在图像（见图 5-32）原图中涂抹可以使图像亮度降低，如图 5-33 和图 5-34 所示。其选项栏如图 5-35 所示。

图 5-32　原图　　图 5-33　【保护色调】加深效果　　图 5-34　取消【保护色调】加深效果

图 5-35　【加深工具】选项栏

注：【加深工具】的参数选项请参阅【减淡工具】。

(3) 海绵工具

【海绵工具】主要用于精确地增加或减少图像的饱和度，在特定的区域内拖动，会根据不同图像的不同特点来改变图像的颜色饱和度和亮度。利用【海绵工具】能够自如地调节图像，如图 5-36 所示原图的色彩效果，从而让图像色彩效果更完美，如图 5-37 所示。其选项栏如图 5-38 所示。

图 5-36　原图　　　　　　　　　图 5-37　用【海绵工具】为画面去色后效果

图 5-38　【海绵工具】选项栏

- 模式：选择"饱和"选项时，可以增加色彩的饱和度，而选择"降低饱和度"选项时，可以降低色彩的饱和度。
- 流量：为【海绵工具】指定流量，数值越高，该工具的强度越大，效果越明显。
- 自然饱和度：勾选该选项以后，可以在增加饱和度的同时，防止因颜色过度饱和而产生溢色现象。

2. 效果修饰工具

（1）模糊工具

工具箱中的【模糊工具】（见图 5-39）与【滤镜】菜单中的【高斯模糊】滤镜的功能类似，使用【模糊工具】对选定的图像（见图 5-40）原图区域进行模糊处理，能够让选定区域内的图像更为柔和，如图 5-41 所示。其选项栏如图 5-42 所示。

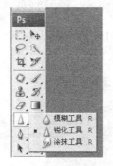  

图 5-39　效果修饰工具组　　　图 5-40　原图　　　　图 5-41　【模糊工具】处理后

图 5-42　【模糊工具】选项栏

- 模式：用来设置"模糊工具"的混合模式，包括"正常""变暗""变亮""色相""饱和度""颜色"和"明度"。
- 强度：用来设置【模糊工具】的模糊强度。

(2) 锐化工具

【锐化工具】用于在图像(见图 5-43)原图的指定范围内涂抹,以增加颜色的强度,使颜色柔和的线条更锐利,图像的对比度更明显,图像也变得更清晰,如图 5-44 所示。其选项栏如图 5-45 所示。

图 5-43　原图　　　　　　　　　　图 5-44　锐化后

图 5-45　【锐化工具】选项栏

- 模式:用来设置【锐化工具】的混合模式,包括"正常""变暗""变亮""色相""饱和度""颜色"和"明度"。
- 强度:用来设置【锐化工具】的锐化强度。
- 保护细节:使锐化感觉更加柔和,画面质量更好。

(3) 涂抹工具

使用【涂抹工具】可以模拟手指划过湿油漆时所产生的效果,【涂抹工具】用于在指定区域中涂抹像素,以扭曲图像的边缘。图 5-46 所示的原图图像中颜色与颜色的边界生硬时利用【涂抹工具】进行涂抹,能够使图像的边缘部分变得柔和,如图 5-47 所示。其选项栏如图 5-48 所示。

图 5-46　原图　　　　　　　　　　图 5-47　涂抹后

图 5-48　【涂抹工具】选项栏

- 模式:用来设置【涂抹工具】的混合模式。

- 强度：用来设置【涂抹工具】的涂抹强度。
- 手指绘画：勾选该选项后，可以使用前景颜色进行涂抹绘制。

5.2.4 细节修复图像

在通常情况下，拍摄出的数码照片经常会出现各种缺陷，使用 Photoshop 的图像修复工具可以轻松地将带有缺陷的照片修复成靓丽照片。修复工具包括【仿制图章工具】、【图案图章工具】、【污点修复画笔工具】、【修复画笔工具】、【修补工具】、【内容感知移动工具】、【红眼工具】、【历史记录画笔工具】和【历史记录艺术画笔工具】。

1. 仿制源面板

使用图章工具或图像修复工具时，都可以通过【仿制源】面板来设置不同的样本源（最多可以设置 5 个样本源），并且可以查看样本源的叠加，以便在特定位置进行仿制。另外，通过【仿制源】面板还可以缩放或旋转样本源，以更好地匹配仿制目标的大小和方向。执行【窗口】|【仿制源】菜单命令，打开【仿制源】面板，如图 5-49 所示。

【仿制源】面板选项介绍如下。

图 5-49 【仿制源】面板

- 仿制源：激活【仿制源】按钮后，按住 Alt 键使用图章工具或图像修复工具在图像中单击，可以设置取样点。单击下一个【仿制源】按钮，可以继续取样。
- 位移：指定 X 轴和 Y 轴的像素位移，可以在相对于取样点的精确位置进行仿制。
- W/H：输入 W（宽度）或 H（高度）值，可以缩放仿制源。
- 旋转：输入角度值，可以旋转仿制源。
- 翻转：单击【水平翻转】按钮，可以水平翻转仿制源；单击【垂直翻转】按钮，可以垂直翻转仿制源。
- 复位变换：将 W、H、角度值和翻转方向恢复到默认状态。
- 帧位移/锁定帧：在【帧位移】中输入帧数，可以使用与初始取样的帧相关的特定帧进行仿制；如果勾选【锁定帧】选项，则总是使用初始取样的相同帧进行仿制。
- 显示叠加：勾选【显示叠加】选项，并设置了叠加方式后，可以在使用图章工具或修复工具时，更好地查看叠加以及下面的图像。【不透明度】选项用来设置叠加图像的不透明度；【自动隐藏】选项可以在应用绘画描边时隐藏叠加；【已剪切】选项可将叠加剪切到画笔大小；【反相】选项可反相叠加选中的颜色。

2. 仿制图章工具

使用【仿制图章工具】可以将图像的一部分绘制到同一图像的另一个位置上，或绘制到具有相同颜色模式的任何打开的文档的另一部分，当然也可以将一个图层的一部分绘制到另一个图层上，如图 5-50(a)和图 5-50(b)所示。【仿制图章工具】对于复制对象或修复图像中的缺陷非常有用,其选项栏如图 5-50(c)所示。

(a)原图　　　　　　　　　　　(b)用【仿制图章工具】去掉多余的房子

(c)【仿制图章工具】选项栏

图 5-50　【仿制图章工具】的应用

【仿制图章工具】选项介绍如下。
- 对齐：勾选该选项以后,可以连续对像素进行取样,即使释放鼠标后,也不会丢失当前的取样点。
- 样本：从指定的图层中进行数据取样。

注：如果取消勾选【对齐】选项,则会在每次停止并重新开始绘制时使用初始取样点中的样本像素。

3. 图案图章工具

【图案图章工具】可以使用预设图案或载入的图案进行绘画,其选项栏如图 5-51 所示。

图 5-51　【图案图章工具】选项栏

【图案图章工具】选项介绍如下。
- 对齐：勾选该选项以后,可以保持图案与原始起点的连续性,即使多次单击鼠标也不例外；关闭选择时,则每次单击鼠标都重新应用图案。
- 印象派效果：勾选该选项以后,可以模拟出印象派效果的图案。

4. 污点修复画笔工具

使用【污点修复画笔工具】可以消除图像中的污点和某个对象,如图 5-52 和图 5-53 所示。【污点修复画笔工具】不需要设置取样点,因为它可以自动从所修饰区域的周围进行取样,其选项栏如图 5-54 所示。

图 5-52　原图　　　　　　　　　　　图 5-53　修复后

图 5-54 【污点修复画笔工具】选项栏

【污点修复画笔工具】选项介绍如下。
- 模式：用来设置修复图像时使用的混合模式。除了"正常""正片叠底"等常用模式以外，还有一个"替换"模式，这个模式可以保留画笔描边的边缘处的杂色、胶片颗粒和纹理。
- 类型：用来设置修复的方法。选择【近似匹配】选项时，可以使用选区边缘周围的像素来查找要用作选定区域修补的图像区域；选择【创建纹理】选项时，可以使用选区中的所有像素创建一个用于修复该区域的纹理；选择【内容识别】选项时，可以使用选区周围的像素进行修复。

5. 修复画笔工具

【修复画笔工具】可以校正图像的瑕疵，与【仿制图章工具】一样，【修复画笔工具】也可以用图像中的像素作为样本进行绘制。但是，【修复画笔工具】还可将样本像素的纹理、光照、透明度和阴影与所修复的像素进行匹配，从而使修复后的像素不留痕迹地融入图像的其他部分，如图 5-55 和图 5-56 所示，其选项栏如图 5-57 所示。

图 5-55 原图   图 5-56 修复后

图 5-57 【修复画笔工具】选项栏

【修复画笔工具】选项介绍如下。
- 源：设置用于修复像素的源。选择【取样】选项时，可以使用当前图像的像素来修复图像；选择【图案】选项时，可以使用某个图案作为取样点。
- 对齐：勾选该选项以后，可以连续对像素进行取样，即使释放鼠标也不会丢失当前的取样点；取消勾选【对齐】选项以后，则会在每次停止并重新开始绘制时使用初始取样点中的样本像素。

6. 修补工具

【修补工具】可以利用样本或图案来修复所选图像区域中不理想的部分，如图 5-58 和图 5-59 所示，其选项栏如图 5-60 所示。

图 5-58　原图　　　　　　　　　　　　图 5-59　修补后

图 5-60　【修补工具】选项栏

【修补工具】选项介绍如下。

- 修补：包含"正常"和"内容识别"两种方式。
  - 正常：创建选区以后，选择后面的【源】选项，按住鼠标左键将选区拖曳到要修补的区域以后，释放鼠标左键就会用当前选区中的图像修补原来选中的内容；选择【目标】选项时，会将选中的图像复制到目标区域。
  - 内容识别：选择这种修补方式后，可以在后面的【适应】下拉列表中选择一种修复精度。
- 透明：勾选该选项后，可以使修补的图像与原始图像产生透明的叠加效果。
- 使用图案：使用【修补工具】创建选区后，单击该按钮，可以使用图案修补选区内的图像。

7. 红眼工具

在夜晚的灯光下或使用闪光灯拍摄人物照片时，通常会出现眼球变红的现象，这种现象称为红眼现象。使用【红眼工具】可以去除由闪光灯导致的红色反光，如图5-61和图5-62所示（因本书单色印刷未能显示修复效果，请扫描文前二维码打开图片参考），其选项栏如图5-63所示。

图 5-61　原图　　　　　　　　　　　　图 5-62　修复后

图 5-63　【红眼工具】选项栏

【红眼工具】选项介绍如下。
- 瞳孔大小：用来设置瞳孔的大小，即眼睛暗色中心的大小。
- 变暗量：用来设置瞳孔的暗度。

8. 历史记录画笔工具

使用【历史记录画笔工具】可以将标记的历史记录状态或快照用作源数据对图像进行修改。【历史记录画笔工具】可以理性、真实地还原某一区域的某一步操作，如图 5-64 所示为原图，图 5-65 所示是使用【历史记录画笔工具】还原背景调色后的效果。【历史记录画笔工具】的选项栏如图 5-66 所示。

图 5-64　原图

图 5-65　效果图

图 5-66　【历史记录画笔工具】选项栏

注：【历史记录画笔工具】通常要与【历史记录】面板一起使用。

9. 历史记录艺术画笔工具

与【历史记录画笔工具】一样，【历史记录艺术画笔工具】也可以将标记的历史记录状态或快照用作源数据对图像进行修改。但是，【历史记录画笔工具】只能通过重新创建指定的源数据来绘画，而【历史记录艺术画笔工具】在使用这些数据的同时，还可以为图像创建不同的颜色和艺术风格，其选项栏如图 5-67 所示。

图 5-67　【历史记录艺术画笔工具】选项栏

【历史记录艺术画笔工具】选项介绍如下。
- 样式：选择一个选项来控制绘画描边的形状，包括"绷紧短""绷紧中"和"绷紧长"等。
- 区域：用来设置绘画描边所覆盖的区域。数值越高，覆盖的区域越大，描边的数量也越多。
- 容差：限定可应用绘画描边的区域。低容差可以用于在图像中的任何地方绘制无数条描边；高容差会将绘画描边限定在与源状态或快照中的颜色明显不同的区域。

注：【历史记录艺术画笔工具】作为实际工具使用的频率并不高。因为它属于任意涂抹工具,很难有规整的绘画效果,不过它提供了一种全新的创作思维方式,可以创作出一些特殊的效果。

5.3 任务实施步骤

5.3.1 任务1的实施:"大树倒影效果图"的制作步骤

设计目标

通过制作"大树倒影效果图",熟练【图像编辑】命令和【变换】命令的使用方法,以及对应的快捷键。

设计思路

- 复制图像图层,调整画布大小。
- 变换"倒影"图层的图像,使它与"大树"图层无缝拼接。
- 通过使用滤镜功能制作逼真的大树倒影效果。

设计效果

设计效果图如【二维码5-1】所示。

操作步骤

第1步:按Ctrl+O组合键或选择【文件】|【打开】命令,选择项目5素材"大树.jpg",单击【确定】按钮打开图像素材。

第2步:按Ctrl+J组合键复制并新建一个"图层1",命名为"大树"图层;在图层面板中双击背景图层,使其变成可编辑图层,并命名为"倒影"图层,如图5-68所示。

第3步:在菜单栏中选择【图像】|【画布大小】命令,弹出【画布大小】对话框,勾选【相对】选项,然后在【高度】输入框中输入数值6(稍小于原图的高度),单击【确定】按钮。如图5-68和图5-69所示。

图5-68 可编辑图层

图 5-69　画布大小

第 4 步：选中"倒影"图层，在菜单栏中选择【编辑】|【变换】|【垂直翻转】命令，变换出倒影图层。然后选择【移动】工具，将"倒影"图层的图像移至画布下方。

第 5 步：选中"倒影"图层，在菜单栏中选择【编辑】|【变换】|【缩放】命令，或者按 Ctrl＋T 组合键，对"倒影"图层进行缩放处理，直至与"大树"图层无缝拼接，如图 5-70 所示。

图 5-70　"倒影"图层与"大树"图层无缝拼接

第 6 步：选中"倒影"图层，在菜单栏中选择【滤镜】|【扭曲】|【波纹】命令，【数量】设为 90，【大小】设为"小"，如图 5-71 所示。

第 7 步：选中"倒影"图层，在菜单栏中选择【滤镜】|【模糊】|【径向模糊】命令，【数量】设为 2，【模糊方法】设为"旋转"，【品质】设为"最好"，如图 5-72 所示。

图 5-71 【波纹】命令

图 5-72 【径向模糊】命令

第 8 步：选中"倒影"图层，在工具箱中选择【椭圆选框工具】，在"倒影"图层上拖曳出一个椭圆选区，大小即是将要制作的水波范围。在菜单栏中选择【滤镜】|【扭曲】|【水波】命令，在【水波】对话框中设置【数量】为 21、【起伏】为 10、【样式】为"水池波纹"，单击【确定】按钮。按 Ctrl＋D 组合键取消选区，如图 5-73 所示。

第 9 步：在图层面板中新建一个"图层 2"，并将它拖动到图层面板的底层。将"图层 2"的颜色填充为蓝色，并调整"倒影"图层【不透明度】为 85 左右，直至达到满意的湖面颜色效果，如图 5-74 所示(因本书单色印刷未能显示颜色效果)。

第 10 步：保存大树倒影最终效果图，如图 5-75 所示。

图 5-73 【水波】命令

图 5-74 调整湖面颜色

5.3.2 任务 2 的实施："漂移陆地效果图"的制作步骤

设计目标

通过制作一张"漂移陆地效果图",掌握【图像编辑】与【修饰图像】等命令的应用。

设计思路

- 制作山体与岩石,用【套索工具】绘制一定造型的山体,用图层蒙版和画笔把岩石与山体柔和拼接,再用加深与减淡工具处理岩石效果。
- 添加树木、草、树根和坠落的小石块。

图 5-75 大树倒影最终效果图

- 背景添加白云并调整色调。

设计效果

设计效果图如【二维码 5-2】所示。

操作步骤

第 1 步：选择【文件】|【新建】菜单命令，新建一个 RGB 图像：图像大小为 550 像素×400 像素，分辨率为 72 像素/英寸，白色背景。

第 2 步：选择【渐变】工具，在"渐变编辑器"界面中设置颜色为♯6abefa/♯0157a0，渐变方式为"线性渐变"，填充为背景，进入如图 5-76 所示的界面。

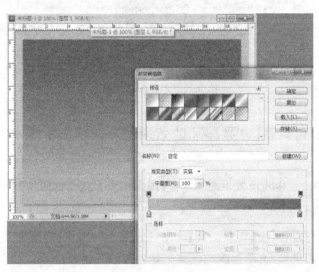

图 5-76 渐变填充

第3步：选择【文件】|【打开】菜单命令，选择项目5素材中的"大山.jpg""岩石.jpg"文件，单击【确定】按钮打开图像素材。拖入"大山"图片素材，按Ctrl+T组合键变形，适当拉高图片使其变窄，如图5-77所示。

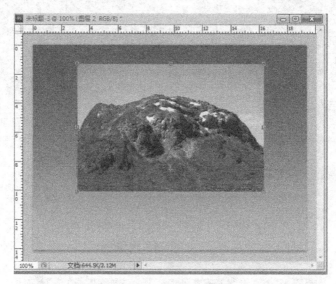

图 5-77 变形后效果

第4步：删除多余的部分，只保留山的主体，如图5-78所示。

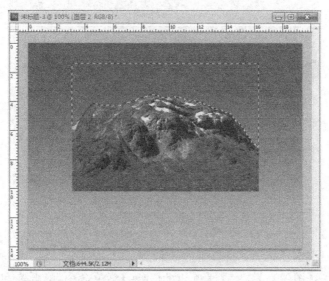

图 5-78 删除后效果

第5步：按Ctrl+B组合键，调整色彩平衡，【色阶】值分别为0、+72、+4，使其看上去青草满地的感觉，如图5-79所示。

第6步：用【多边形套索工具】勾出图5-80所示形状，按Ctrl+Shift+I组合键反选后删除多余的部分。

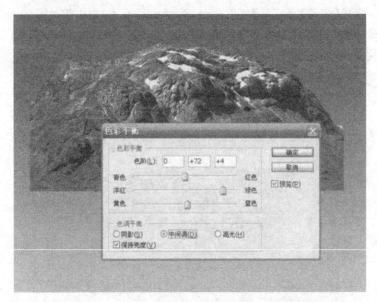

图 5-79 调整【色阶】值

图 5-80 反选、删除后的效果

第 7 步：拖入"岩石"素材，按 Ctrl＋T 组合键调整好大小，必须全部覆盖到山下半部的形状，如图 5-81 所示。

第 8 步：选择【图像】|【调整】|【色相/饱和度】菜单命令，降低饱和度，【色相】设为＋15，【饱和度】设为－61，如图 5-82 所示。

第 9 步：按住 Ctrl 键，单击山的图层，按 Ctrl＋Shift＋I 组合键反选，按 Delete 键删除，如图 5-83 所示。

第 10 步：选择"岩石"图层添加图层蒙版，选择 63 号画笔，前景色为黑色，涂抹边缘，使其与山过渡自然，如图 5-84 所示。

图 5-81 拖入"岩石"素材

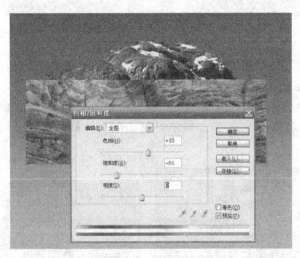

图 5-82 色相和饱和度

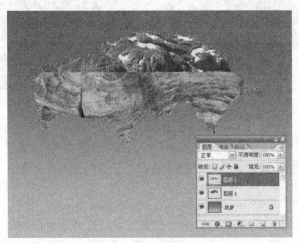

图 5-83 反选后删除岩石多余部分

第11步：新建图层，前景色设为深褐色，在岩石和山交界处绘制，改为"正片叠底"模式，如图5-85所示。

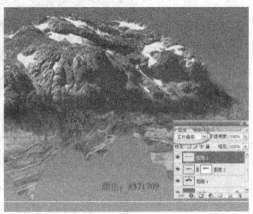

图5-84 涂抹后效果　　　　　　　　　图5-85 "正片叠底"模式

第12步：回到"岩石"图层，选择加深和减淡工具，处理出岩石的高光和暗调部分（想要凸出就减淡，凹进去就加深），如图5-86所示。

第13步：新建图层，载入"青草"笔刷，前景色设为不同的颜色，绘制出一些青草，改为"正片叠底"模式。新建图层，添加树木，用【加深工具】给树木底部的土地加深形成阴影，如图5-87所示。

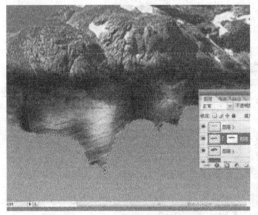

图5-86 处理出高光和暗调部分　　　　图5-87 加深树木底部的土地

第14步：新建图层，载入"树根"笔刷，绘制树根。树根的绘制方法为设定前景色为深绿色，用笔刷绘制出形状，删除多余的部分，同样用加深减淡工具处理，如图5-88所示。

第15步：新建图层，使用【套索工具】任意绘制一个形状，填充深褐色，用【减淡工具】涂抹出高光效果，如图5-89所示。

第16步：复制此图层，调整好大小和位置。合并这些小块图层。对下方的小块图层做【动感模糊】处理，如图5-90所示。用【橡皮擦工具】擦去下方的模糊阴影。给人从上方坠落的感觉，如图5-91所示。

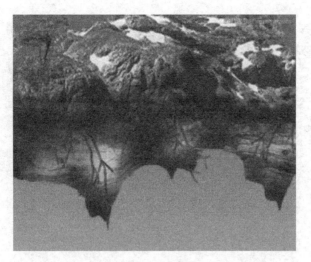

图 5-88 绘制树根

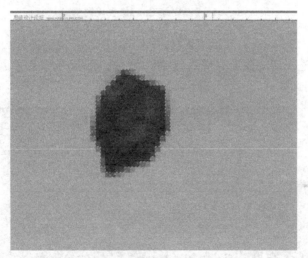

图 5-89 绘制任意形状

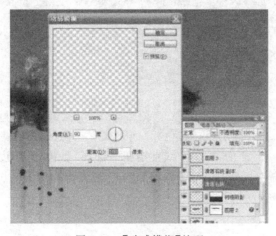

图 5-90 【动感模糊】处理

图 5-91 【橡皮擦工具】擦去模糊阴影

第 17 步：加入云彩，拖入"白云"素材，按 Ctrl+T 组合键调整好大小，选择"云彩"图层添加图层蒙版，选择图层蒙版缩略图，选择"柔性圆"画笔，前景色为黑色，参考效果图涂抹左下角和右上角区域，如图 5-92 所示。

图 5-92 涂抹后效果

第 18 步：选择"云彩"图层，添加"色相/饱和度 2"调整图层，选择【渐变】工具，设置颜色为♯91ad87/♯35565f，渐变方式为"线性渐变"，选择"色相/饱和度 2"调整图层中的图层蒙版缩略图，填充渐变。然后设置【色相】为−150、【饱和度】为+10，如图 5-93 所示。最终效果如图 5-94 所示。

项目 5　编辑与修饰图像

图 5-93　调整【色相/饱和度】

图 5-94　最终效果图

5.3.3　任务 3 的实施："修复一张人物图像"的制作步骤

设计目标

通过运用 Photoshop 的【修复工具】修复一张破损的照片，以巩固和熟练掌握 Photoshop 的【修复工具】的应用及修复破旧照片的方法与技巧。

设计思路

- 使用【修复画笔】、【修补工具】和【图章工具】修复细节。
- 使用涂抹、加深、减淡等工具进行润饰。

设计效果

设计效果图如【二维码 5-3】所示。

操作步骤

第1步：选择【文件】|【打开】命令，打开素材"破损照片.jpg"，按 Ctrl+J 组合键复制并新建一个"图层1"。

第2步：执行【图像】|【调整】|【去色】命令，得到一张黑白的照片，如图 5-95 所示。

第3步：用【修补工具】和【图章工具】去污，去痕，补残缺，如图 5-96 所示。

图 5-95　去色后变成黑白照片　　　　图 5-96　修补后效果图

第4步：磨皮，首先按 Ctrl+J 组合键复制并新建一个图层，选定该图层，执行【滤镜】|【模糊】|【高斯模糊】命令，数值选择 2.0，单击图层工具左数第二个【添加图层蒙版】，选择【画笔工具】，前景色为黑色，刷出眼睛和嘴巴，如图 5-97 所示。

第5步：用【加深工具】加深各处轮廓，最后完成破损照片的修复，如图 5-98 所示。

图 5-97　磨皮　　　　　　　　图 5-98　最终效果图

第6步：保存修复好后的最终效果图。

5.4 上机实训

5.4.1 实训1：修复一张老照片

实训目的

巩固和掌握 Photoshop 的修复工具的应用，以及修复破旧照片的方法与技巧。

实训内容

修复一张老照片，如图 5-99 所示。

图 5-99 修复前后照片对比图

实训步骤

第1步：打开素材"老照片.jpg"。

第2步：执行【图像】|【调整】|【去色】命令，得到一张黑白的照片。

第3步：用【修补工具】和【图章工具】去污，去痕，补残缺。

第4步：磨皮，首先按 Ctrl+J 组合键复制并新建一个图层，选定该图层，执行【滤镜】|【模糊】|【高斯模糊】命令，数值选择 2.0，单击图层工具左数第二个【添加图层蒙版】，选择【画笔工具】，前景色为黑色，刷出眼睛、嘴巴和鼻子等。

第5步：用【加深工具】加深各处轮廓，最后完成老照片的修复。

第6步：保存为"老照片修复.jpg"。

5.4.2 实训2：制作一张证件照

实训目的

裁剪与变换的应用。

实训内容

如何将一张普通照片中间男士的头像，通过裁剪与变换功能制作一张证件照，如图 5-100 所示。

图 5-100　证件照制作

实训步骤

第 1 步：打开"普通照片.jpg"素材图片，在工具面板中选择【裁切工具】，然后在裁剪属性面板中将宽度设成 2.5cm，高度设成 3.5cm，分辨率设成 300 像素/英寸，然后在照片上直接拉出所要裁剪的范围，最后双击裁剪区域。

第 2 步：用【磁性套索工具】将人头选取后，按 Ctrl+Shift+I 组合键反选，接着按 Ctrl+Alt+D 组合键将羽化值设成 1，填充蓝色（也有的证件照要求为红色）。这时，可能看到有的边缘部分留有一些较生硬的残边，可用【画笔工具】将前景色调成蓝色，选择一个柔和的笔头小心涂抹，即可做到很自然的过渡。

第 3 步：一般处理证件照都要调整亮度，这里我们使用光照滤镜比直接调整亮度效果要好得多。选择【滤镜】|【渲染】|【光照效果】，在弹出的控制面板中选择"左上方点光"。

第 4 步：保存为"证件照.jpg"。

5.4.3　实训 3：制作儿童相册

实训目的

熟练掌握【裁剪】、【变换】等命令的应用。

实训内容

制作儿童相册，如图 5-101 所示。

实训步骤

第 1 步：打开"相册背景.jpg"文件。

第 2 步：打开"童照 1.jpg""童照 2.jpg""童照 3.jpg""童照 4.jpg"素材图片，选择工具箱里的【移动工具】。把图片拖曳到相册背景文件里，按 Ctrl+T 组合键变换图片到合适大小，并移动到合适位置。

第 3 步：利用【变换】命令调整相片到相框中。

第 4 步：保存为"儿童相册.jpg"。

图 5-101　儿童相册效果

认识与应用图层

图层面板是自由独立于 Photoshop 学习空间里面的一个面板。

在这个图层中,我们可以缩放图形、更改颜色、设置样式、改变透明度。

一个图层代表了一个单独的元素,我们可以对其进行任意更改之。

图层在网页设计中起着至关重要的作用,用来表示网页设计的元素,显示文本框、图像、背景、内容和更多其他元素的基底。

本章主要内容

- 认识图层。
- 认识图层组。
- 认识图层模式。
- 掌握图层的应用技巧。

能力培养目标

要求学生熟练掌握 Photoshop CS5 中图层和图层组的基本操作,以及利用图层的基本知识完成相关实例。

6.1 任务导入与问题的提出

6.1.1 任务导入

任务 1:制作一个水晶按钮

设计一个"蓝色水晶按钮",设计效果图如【二维码 6-1】所示。

任务 2:制作照片的叠加效果

制作叠加效果,设计效果图如【二维码 6-2】所示。

任务 3:制作钻石字效果

制作闪亮钻石镶嵌文字效果,设计效果图如【二维码 6-3】所示。

6.1.2 问题与思考

- 什么是图层？
- Photoshop CS5 中创建图层的方法有哪些？
- Photoshop CS5 中建立图层有哪些步骤？
- Photoshop CS5 中如何编辑图层？

6.2 知 识 点

6.2.1 图层的基本概念与图层的基本操作

1. 图层的概念

在 Photoshop CS5 中，制作一幅作品时，要使用多个图层。图层就像把一张张透明拷贝纸叠放在一起，由于拷贝纸的透明特征，使图层上没有图像的区域透出下一层的内容。

2. 图层的基本操作

图层的基本操作包括选择图层、显示与隐藏图层、创建新图层、删除图层、改变图层次序、改变图层不透明度、锁定图层属性等多种，掌握这些操作基本上就可以掌握有关图层操作的 40% 的技能与知识，如图 6-1 所示。

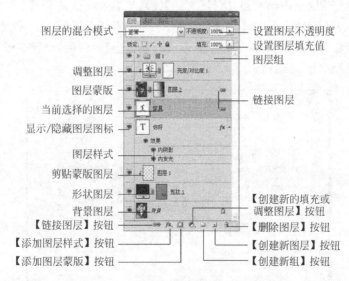

图 6-1 图层面板

- 创建新图层是一类经常性的操作，可以直接单击【图层】面板底部的【创建新图层】按钮 ，这是创建新图层的最常用的方法。
- 复制图层的方法有若干种，根据当前操作环境可选择 种最为快捷有效的方法。在图像内复制图层；在【图层】面板中复制图层。
- 要删除图层可以按如下方法进行操作。

选择要删除的图层,单击【图层】面板底部的【删除图层】按钮,在弹出的对话框中单击【是】按钮。选择要删除的图层,将其直接拖至【图层】面板底部的【删除图层】按钮上。选择要删除的图层,选择【图层】|【删除】|【图层】命令,或单击【图层】面板右上角的面板按钮,在弹出的菜单中选择【删除图层】命令。

6.3 任务实施步骤

6.3.1 任务1的实施:"水晶按钮"的制作步骤

设计目标

通过制作"水晶按钮",掌握图层和图层样式的使用方法。

设计思路

- 设计按钮的内容。
- 通过使用图层和字体制作图层样式的效果。

设计效果

设计效果图如【二维码6-1】所示。

操作步骤

第1步:打开Photoshop CS5,执行【文件】|【新建】命令(或按Ctrl+N组合键),弹出【新建】对话框,设置【名称】为"按钮",【宽度】为570像素,【高度】为400像素,【分辨率】为72像素/英寸,【颜色模式】为RGB颜色、8位,【背景内容】为白色,设置完毕单击【确定】按钮,如图6-2所示。

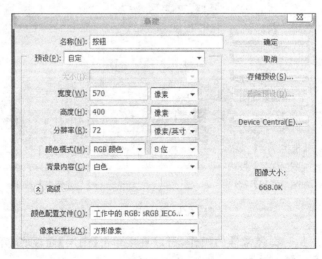

图6-2 新建文件

第2步:在图层面板上单击【创建新图层】按钮,新建一个"图层2",选择工具箱中的【圆角矩形工具】,绘制一个圆角矩形,按Ctrl+Enter组合键转换为选区,设置前景色为蓝色,按Ctrl+D组合键取消选区,如图6-3所示。效果图如图6-4所示。

图 6-3　绘制一个圆角矩形

图 6-4　圆角矩形填充蓝色

第 3 步：接着右击"图层 2"，选择【混合选项】，进入【图层样式】，分别勾选【投影】、【外发光】、【内发光】、【斜面和浮雕】、【光泽】、【渐变叠加】选项，设置图层样式各项的值，参考下面的设置值，然后单击【确定】按钮，如图 6-5～图 6-8 所示。效果如图 6-9 所示。

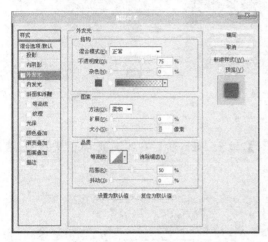
图 6-5　【外发光】面板

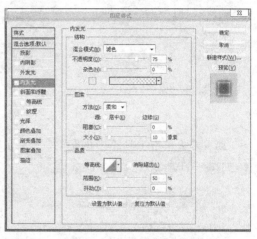
图 6-6　【内发光】面板

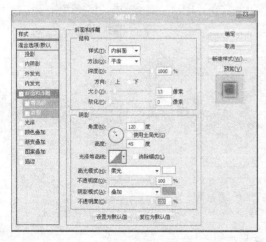
图 6-7　【斜面和浮雕】面板

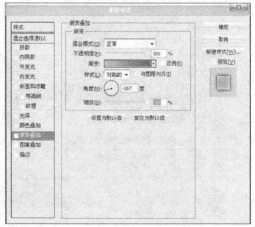
图 6-8　【渐变叠加】面板

图 6-9　效果图

第4步：选择"图2"，复制一个"图4 副本"并给"图4 副本"添加蒙版，如图6-10所示。

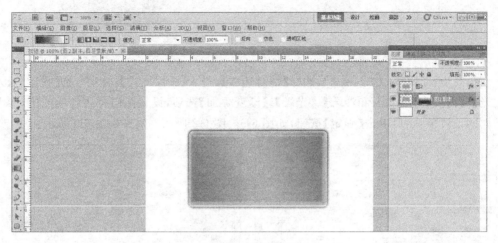

图6-10　添加蒙版

第5步：单击工具箱中的【横排文字工具】，输入sszz，然后在工具选项栏中设置字体，如图6-11所示。

图6-11　输入文字

第6步：在图层控制面板新建一个图层或者按Shift＋Ctrl＋N组合键，接着在工具箱中选择【钢笔工具】，在属性栏中设置钢笔为"路径"，接着在工作区绘制出一个不规则的形状，按Ctrl＋Enter组合键转换为选区，设置前景色为白色，按Ctrl＋D组合键取消选区，并设置【不透明度】为20％，调整后的效果如图6-12所示。

项目 6 认识与应用图层

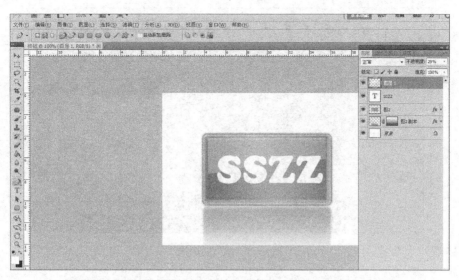

图 6-12　最终效果

6.3.2　任务 2 的实施:"照片叠加效果"的制作步骤

设计目标

通过制作"照片叠加效果",掌握编辑图层的运用。

设计思路

- 制作照片,用叠加效果。
- 设计叠加效果。
- 使用编辑图层制作叠加效果。

设计效果

设计效果如【二维码 6-2】所示。

操作步骤

第 1 步:我们要将一个完整的图片分成几块,为了确保分割的准确,我们要用标尺和辅助线。选择【视图】|【标尺】命令打开标尺,并拉出辅助线(图上的绿线)。

第 2 步:拉出辅助线,如图 6-13 所示。

第 3 步:然后用【矩形选区工具】沿着辅助线交叉而形成的方块拉出选区,然后按 Ctrl+J 组合键复制选区的图像到新的图层,重复六次,这样图像的每一块都到了新的图层(要注意,每复制一块后,就要单击一下图层面板里的"背景"图层使其处于编辑状态,这样就确保每一个选区都是在"背景"层上选出来的),如图 6-14 所示。

第 4 步:按 Ctrl+J 组合键将选区内的图像复制到新层,如图 6-15 所示。

第 5 步:每复制一块要单击一下图层面板里的"背景"图层复制。

第 6 步:重复六次,如图 6-16 所示。

第 7 步:设置"图层 1"的图层样式为【投影】和【描边】,参数见图 6-17 和图 6-18,然后

图 6-13 拉出辅助线

图 6-14 复制选区

图 6-15 复制到新图层

图 6-16 重复六次

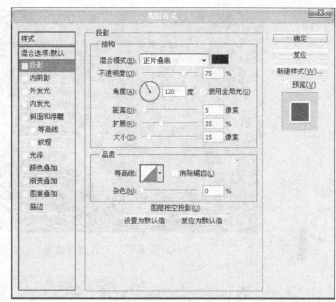
图 6-17 设置【投影】参数

在"图层1"上右击选择"拷贝图层样式",再在"图层2"~"图层6"上依次右击选择"粘贴图层样式",把"图层1"的图层样式应用到其他层。然后选中"图层1",按 Ctrl+T 组合键调整图层的相对位置(其他层也如此)。

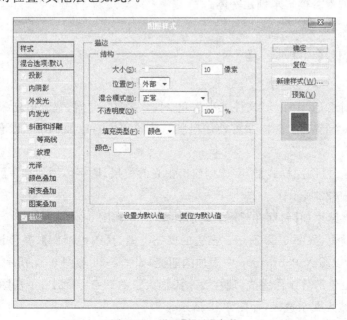
图 6-18 设置【描边】参数

第 8 步：复制图层样式。

第 9 步：粘贴图层样式。

第 10 步：调整一下相对位置，得到最终效果图，如图 6-19 所示。

图 6-19　照片叠加效果

6.3.3　任务 3 的实施："钻石字效果"的制作步骤

设计目标

运用图层的混合模式，并运用【字体工具】制作钻石字效果。

设计思路

使用图层的混合模式来创建字体。

设计效果

设计效果图如【二维码 6-3】所示。

操作步骤

第 1 步：创建 Photoshop 文件大小为 600 像素×300 像素，背景填充深灰色。写上一串文本，设置一个特殊的字体（最好使用粗犷一些的字体），比如 Atlas，颜色设置为白色，如图 6-20 所示。

第 2 步：通过【图层样式】给字体创建出银光的效果，给字体添加如下【内阴影】样式，如图 6-21 和图 6-22 所示。

第 3 步：继续添加【斜面和浮雕】样式，如图 6-23 和图 6-24 所示。

第 4 步：描边，如图 6-25 所示。描边的填充类型为【线性渐变】，颜色设置（如果颜色找不到银色，可以载入 Photoshop 中附加的渐变）如图 6-26 和图 6-27 所示。

第 5 步：银色部分制作完成，现在要来添加大量的钻石。Ctrl＋单击图层面板中的字体图层缩略图载入文字选区，如图 6-28 所示。

项目6 认识与应用图层

图 6-20 设置字体

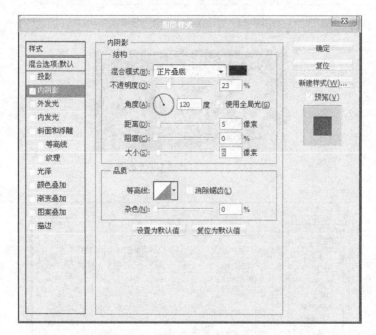

图 6-21 设置字体【内阴影】样式

图 6-22 【内阴影】样式效果图

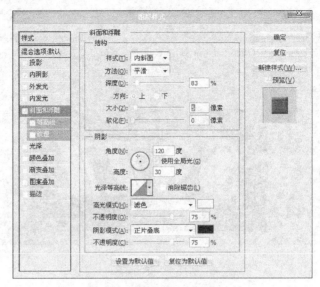

图 6-23 添加【斜面和浮雕】样式

图 6-24 【斜面和浮雕】样式效果图

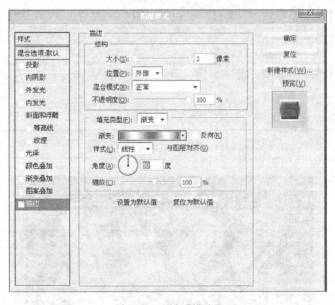

图 6-25 添加【描边】

图 6-26　填充【线性渐变】

图 6-27　填充【线性渐变】效果图

图 6-28　字体载入选区

第 6 步：执行【选择】|【修改】|【收缩】命令，收缩选区收缩量为 2，如图 6-29 所示。

图 6-29　收缩量为 2 像素效果图

第 7 步：在保持选中的状态下新建图层，命名为"钻石"。

第 8 步：按 D 键重置 Photoshop 默认颜色，执行【滤镜】|【渲染】|【云彩】命令，这一步为选中的区域添加了暗色的云彩纹理。

第 9 步：云彩过于黑暗，执行【图像】|【调整】|【亮度】|【对比度】命令，设置如图 6-30

图 6-30　执行【图像】|【调整】|【亮度】|【对比度】命令

所示。

第 10 步：执行【滤镜】|【滤镜库】|【扭曲】|【玻璃】命令，设置如图 6-31 所示。

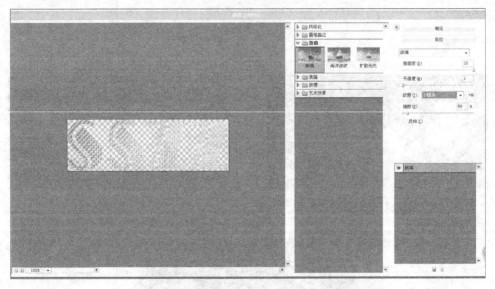

图 6-31　执行【滤镜】|【滤镜库】|【扭曲】|【玻璃】命令

第 11 步：单击 OK 按钮，按 Ctrl+D 组合键取消选择。钻石效果如图 6-32 所示。

图 6-32　制作钻石字完成效果图

6.4 上机实训

6.4.1 实训：制作"奥运五环"效果图

实训目的

掌握图层组合的方法。

实训内容

制作一个奥运五环图，设计效果如图 6-33 所示。

图 6-33 "奥运五环"效果图

实训步骤

第 1 步：新建文件。文件大小为 800 像素×600 像素，分辨率为 72 像素/英寸，背景白色，颜色模式 RGB 颜色，如图 6-34 所示。

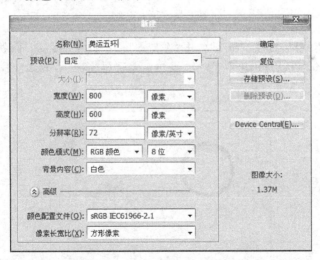

图 6-34 新建文件

第 2 步：新建"图层 1"，用【椭圆选框工具】绘制一个正圆选区。按住 Alt+Shift 组合键即可绘制正圆，如图 6-35 所示。

第 3 步：在选区中填充黑色，执行【选择】|【变换选区】命令，按住 Shift+Alt 组合键，中心点不变等比例缩小，按 Enter 键确认，如图 6-36 所示。

第 4 步：按 Delete 键删除选区中的像素，按 Ctrl+D 组合键取消选择。可以对圆环

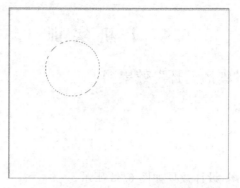

图 6-35　绘制一个正圆选区

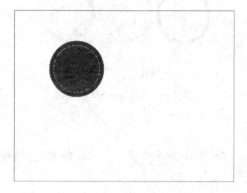

图 6-36　填充黑色

加上一个 3D 真实效果,按住 Ctrl 键单击"图层 1"选中这个黑色圆环,执行【图层样式】|【斜面和浮雕】命令。执行【内发光】操作,这里就不详细讲解,有兴趣的话可以加上这个步骤,如图 6-37 所示。

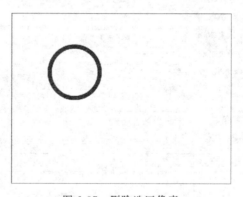

图 6-37　删除选区像素

第 5 步:按住 Shift+Alt 组合键复制圆环。切换到【移动工具】,按住 Alt 键选择圆环再复制四个,得到五个圆环的图层,如图 6-38 所示。

第 6 步:并给圆环更换颜色(按 Ctrl 键载入选区之后,填充颜色),如图 6-39 所示。

第 7 步:接下来要做出环环相扣的效果。先选中黑色圆环的图层,按住 Ctrl 键载入

图 6-38 复制圆环

图 6-39 给圆环填充颜色

选区,然后按住 Ctrl+Shift+Alt 组合键,单击黄色圆环的图层缩略图,可以得到两圆环的相交部分,如图 6-40 所示。

图 6-40 圆环相交

第 8 步：切换到【选区工具】，单击属性栏中的【从选区中减去】按钮，减去下方一部分选区，再选中黄色圆环的图层，按 Delete 键进行删除，按 Ctrl＋D 组合键取消选择。完成效果如图 6-41 所示。

图 6-41　完成效果

认识与应用路径和文字

路径和文字是 Photoshop 里的两个非常重要的编辑工具,正确且灵活地运用"路径"不仅能够作出一些令你意想不到的效果,而且能够提高工作效率,达到事半功倍的作用。"路径"要和【钢笔工具】结合起来使用,才能达到预期的效果。

而文字工具可以在图片上面加上想要的文字,包括设置大小、字体、变形等。

本章主要内容

- 路径。
- 文字。

能力培养目标

要求学生熟练掌握 Photoshop CS5 中认识与应用路径和文字工具的基本操作。

7.1 任务导入与问题的提出

7.1.1 任务导入

任务 1:制作一个西红柿

绘制西红柿,设计效果图如【二维码 7-1】所示。

任务 2:制作一张环保海报

制作环保海报,设计效果图如【二维码 7-2】所示。

任务 3:制作带倒影的文字

制作带倒影的文字,设计效果图如【二维码 7-3】所示。

7.1.2 问题与思考

- Photoshop CS5 中什么是路径?

- Photoshop CS5 中创建路径的方法有哪些？
- Photoshop CS5 中如何编辑路径？
- Photoshop CS5 中的文字工具有几种类别？分别有何作用？
- Photoshop CS5 文字工具如何建立和编辑？

7.2 知 识 点

7.2.1 认识路径及其功能

1. 路径的概念及其功能

在 Photoshop CS5 中，路径顾名思义就是一条线路，主要由锚点组成，锚点是定义路径中每条线段开始和结束的点，可以通过它们来改变或固定路径，锚点分为角点和平滑点两种，角点即直线转折点，平滑点可以创建平滑的曲线，其两端有控制手柄，用以控制曲线的曲度，通过移动锚点，可以修改路径线段以及改变路径的形状。

路径的功能及特点：可以绘制出任意不规则的图形，但不可以打印。

2. 知识点：创建和编辑路径

（1）【钢笔工具】的使用。

【钢笔工具】是抠图、制作超炫线条必不可少的一个工具。【钢笔工具】在 Photoshop 的工具栏中是一个钢笔头的图标，快捷键是 P。可以用来绘制直线、曲线和对轮廓清晰、整洁的物体进行抠图，见图 7-1。

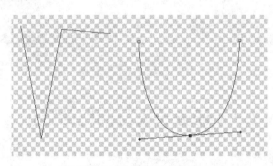

图 7-1　绘制直线和曲线

- 自由钢笔工具。在属性栏中设置"磁性的"选项，相当于【磁性套索工具】，可以选择图形或图像，如图 7-2 所示。

图 7-2　启用【磁性钢笔工具】选项

- 增加锚点：选择【增加锚点工具】，在所在增加锚点的路径上单击即可。
- 删除锚点：选择【删除锚点工具】，在不需要的锚点上单击即可。
- 转换锚点：选择【转换锚点工具】，可以将直线路径转换为曲线。再单击一次可以把曲线转换为直线。

- 路径选择工具 ：可以将路径整个选取并进行移动、删除或变形等操作。
- 直接选取工具 ：可以选取单一的锚点和线段。

（2）【路径】面板，如图7-3所示。

- ：新建路径。
- ：从选区产生工作路径，前提是工作区内应先有选区，否则该按钮不可用。
- ：将路径作为选区载入。
- ：路径描边，选中该按钮是用前景色对路径进行描边操作。
- ：填充路径，选中该按钮是用前景色对路径进行填充。

图7-3 【路径】面板

3. 路径与选区的转换

（1）路径转换为选区的方法如下。

方法1：利用【路径】面板中的 按钮，将路径作为选区载入。

方法2：在路径上右击，在下拉菜单中选择【建立选区】。

（2）选区转换为路径的方法如下。

方法1：利用【路径】面板中的 按钮从选区产生工作路径。

方法2：在选区线上右击，在下拉菜单中选择【建立工作路径】。

4. 认识文字工具

在Photoshop CS5中，文本工具分别是【横排文字工具】、【竖排文字工具】、【横排文字蒙版工具】、【竖排文字蒙版工具】，这个工具的快捷键是字母T，如图7-4所示。

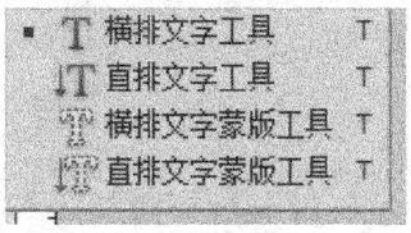

图7-4 文字工具

（1）横排文字工具。

在图像上输入文本。①选择文字工具。②在图像上准备输入文字处单击，出现小的"I"图标，这就是输入文字的基线。③输入所需文字，输入的文字将生成一个新的文字图层。

（2）直排文字工具。与【横排文字工具】操作方法一致，只是方向为竖向。

（3）横排文字蒙版工具。

在图像上输入文本步骤如下。

第1步：选择【文字蒙版工具】。

第2步：在图像上准备输入文字处单击，出现小的"I"图标，这就是输入文字的基线。

第3步：输入所需文字，与文本工具不同的是，【文本蒙版工具】得到的是具有文字外形的选区，不具有文字的属性，也不会像【文字工具】一样生成一个独立的文字层，如图7-5所示。

（4）直排文字蒙版工具。与【横排文字蒙版工具】操作方法一致，只是方向为竖向。

5. 编辑文字

（1）【文字工具】的工具属性栏如图7-6所示。

图 7-5　使用【横排文字蒙版工具】

图 7-6　【文字工具】属性栏

①在这里选择需要的字体样式,如中文字体还是西文字体;②针对西文字体而设置的;③字体的大小;④字体的表现形式;⑤对齐方式;⑥字体的颜色;⑦创建变形文字;⑧文字段落的调整。

(2)创建文本变形:样式有扇形、下弧、上弧、拱形、凸起、贝壳、花冠、旗帜、波浪、鱼形、增加、鱼眼石、膨胀、挤压和扭转。

7.3　任务实施步骤

7.3.1　任务 1 的实施:"一个西红柿"的制作步骤

设计目标

通过制作"一个西红柿",掌握路径工具的使用方法。

设计思路

- 利用【钢笔工具】绘制西红柿以及叶子的外形。
- 通过使用径向渐变、加深和减淡工具加强立体效果。

设计效果

设计效果图如【二维码 7-1】所示。

操作步骤

第 1 步:选择【文件】|【新建】命令,按图 7-7 设置前景色,新建文件。

图 7-7　新建文件

第 2 步：选择【前景色】工具，如图 7-8 所示设置前景色，背景色设为白色。

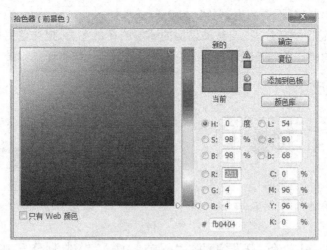

图 7-8　填充前景色

第 3 步：单击【工具】面板中【钢笔工具】里的 自由钢笔工具 P ，绘制如下的路径，调整形状后，右击建立选区如图 7-9 所示。

第 4 步：用【渐变工具】 中径向渐变 对选区进行填充，按 Ctrl＋D 组合键取消选区，再利用【加深工具】 和【减淡工具】 分别对背光和受光部分进行处理，效果如图 7-10 所示。

图 7-9　主体形状选区

图 7-10　果体部分

第 5 步：选择图层面板右下角的【新建图层】 命令新建图层，用于绘制西红柿的果柄，单击"图层 1"左边的 按钮暂时关闭该图层，在新建"图层 2"上，用【钢笔工具】 绘制出西红柿果柄的外轮廓，右击建立选区后，用【渐变工具】中【径向渐变】 对选区填充绿色，再利用【加深工具】 和【减淡工具】 分别对背光和受光部分进行处理并画出茎叶的大致样式后，效果如图 7-11 所示。

第 6 步：选择图层面板右下角的【新建图层】 命令新建图层，用于绘制西红柿的果柄，单击"图层 2"左边的 按钮，使该图层暂时不可见，在新建"图层 3"上选择【图像】

图 7-11　西红柿果柄

【选择】|【变换选区】命令对选区进行挤压变形填充绿色,加深并用【模糊工具】进行模糊处理,再把该图层的【不透明度】调整到85%,效果如图7-12所示。

第7步:调整图层顺序,把西红柿果柄的图层放在最上边,把红色主体部分图层放在最下边,将所有的图层关闭按钮都打开,效果如图7-13所示,本任务完成。

图7-12 西红柿果柄投影

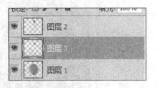
图7-13 图层顺序

7.3.2 任务2的实施:环保海报"秀美黔中游"的制作步骤

设计目标

通过制作环保海报"秀美黔中游",继续让学生掌握路径及图像合成的操作。

设计思路

- 制作背景,用图像合成民族蜡染的图案。
- 制作环保循环图。
- 设计文本。

设计效果

设计效果图如【二维码7-2】所示。

操作步骤

第1步:选择【文件】|【新建】菜单命令,新建一个RGB图像:大小为800像素×400像素,分辨率为100像素/英寸,背景色RGB的值分别为37、32、79。按背景层前边的按钮,暂时隐藏,使背景层不可见。

第2步:新建"图层1",鼠标放在"图层1"上,双击重命名该图层为"环保循环图",用【钢笔工具】绘制如图7-14所示的路径。用【转换点工具】对路径进行调整。效果如图7-15所示。

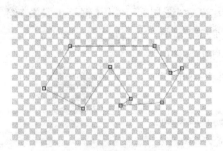
图7-14 【钢笔工具】绘制路径

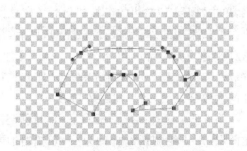
图7-15 【转换点工具】调整路径

第 3 步：执行【编辑】|【拷贝】命令，将路径复制两份，并按住 Ctrl＋T 组合键对复制出的路径进行旋转，如图 7-16 所示。

第 4 步：按住 Shift 键，把几个路径同时选中，右击将路径建立成选区，填充色 RGB 的值分别为 63、74、121，执行【编辑】|【描边】命令，描边的颜色 RGB 的值分别为 166、90、64，描边的宽度设为 1，参数如图 7-17 所示。效果如图 7-18 所示。

图 7-16 复制并旋转路径

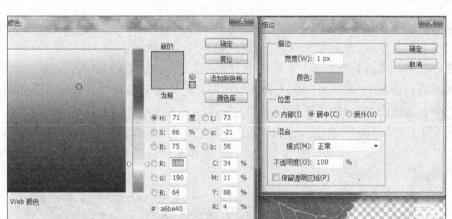

图 7-17 描边参数设置

图 7-18 填充和描边循环图

第 5 步：打开背景图层的隐藏，分别将素材盘中的"透明大纹"和"透明横纹"打开，并按住 Ctrl＋A 组合键全选，用【移动工具】将两个花纹分别拖入"秀美黔东南"文件中，将自动产生的两个图层分别命名为"透明大纹"和"透明横纹",按 Ctrl+T 组合键把"透明横纹"垂直反转,放在上边和下边,效果如图 7-19 所示。

图 7-19 合成透明大纹和透明横纹

第 6 步:用【文字工具】录入"秀美黔中游",与循环图的上边平齐,【大小】设为 12.95 点,【字体】设为微软雅黑,分别将素材盘中的"人物 1"和"人物 2"打开,并按住 Ctrl+A 组合键全选,用【移动工具】将两个人物图案分别拖入"秀美黔东南"文件中,将自动产生的两个图层分别命名为"人物男"和"人物女",用同样的方法把素材中的"叶子 1"和"叶子 2"拖入图中并分别命名为"叶子下"和"叶子上"。

第 7 步:按住 Ctrl+T 组合键将"叶子上"和"叶子下"合成一片叶子,并缩放至合适大小,用同样方法将"人物男"和"人物女"缩放并移动至合适位置,注意各图层的叠放次序。效果如图 7-20 所示。

图 7-20 合成人物和叶子

第 8 步:用【文字工具】录入"低碳唱戏,环保搭台",回行后继续录入"——绿色黔东南欢迎你!","低碳唱戏,环保搭台""绿色"字样的颜色 RGB 的值分别设为 166、187、64,

将"——黔东南欢迎你!"的颜色设为白色。完成本任务的制作效果图如【二维码 7-2】所示。

7.3.3 任务 3 的实施:"带倒影的文字"的制作步骤

设计目标

通过制作"带倒影的文字",让学生进一步掌握【文字工具】的操作。

设计思路

- 制作黑色背景,输入文字。
- 添加文字样式,用【滤镜工具】美化文字。
- 使用图层蒙版制作倒影渐变。

设计效果

设计效果图如【二维码 7-3】所示。

操作步骤

第 1 步:选择【文件】|【新建】菜单命令,新建一个 RGB 图像:大小为 800 像素×400 像素,分辨率为 72 像素/英寸,黑色背景。然后选择【横排文字工具】T,在其工具属性栏中设置字体系列为"微软雅黑",字体大小为 60 点,字体颜色为(R:40,G:158,B:249),然后输入如图 7-21 所示的文字,【图层】面板中会自动生成一个文字图层为"SanSui Vocational Schools"。选择第二个单词更换一下颜色,效果如图 7-21 所示。

图 7-21 输入文字效果

第 2 步:为文字添加样式。单击【图层】面板下方的【添加图层样式】 fx. 按钮,为文字添加【斜面和浮雕】、【外发光】样式,参数设置如图 7-22 和图 7-23 所示。

第 3 步:复制并变换文字。选择并复制"SanSui Vocational Schools"图层为"SanSui Vocational Schools 副本",按 Ctrl+T 组合键对该图层进行垂直翻转,并将文字向下移

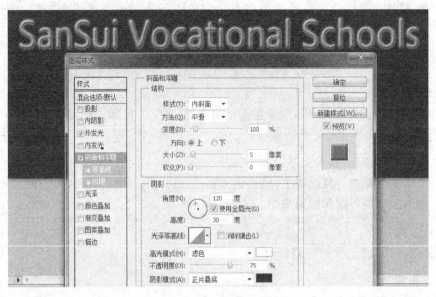

图 7-22 【斜面和浮雕】参数

图 7-23 添加【外发光】

动。选择"SanSui Vocational Schools 副本"图层,右击,在弹出的菜单中选择【栅格化文字】,把图层中文字转换为图形,这时【图层】面板如图 7-24 所示,文字效果如图 7-25 所示。

第 4 步:对文字进行【高斯模糊】。选择"SanSui Vocational Schools 副本"图层,执行【滤镜】|【模糊】|【高斯模糊】命令,打开【高斯模糊】对话框,设置参数和垂直翻转后的文字,如图 7-26 所示。

第 5 步:添加蒙版。选择"SanSui Vocational Schools 副本"图层,单击 ◻ 【添加图层

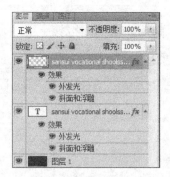

图 7-24 【图层】面板

图 7-25 垂直翻转后的文字

图 7-26 加入【高斯模糊】滤镜

蒙版】按钮,为该图层添加蒙版,使用【矩形选框工具】绘制选区,将下边的文字选中,然后选择【渐变工具】编辑如图 7-27 所示的渐变色,填充后取消选区,效果如图 7-28 所示。

第 6 步:填充渐变色。在"背景"图层上方新建一个图层为"图层 1",使用【矩形选框工具】绘制选区,然后选择【渐变工具】编辑如图 7-29 所示的渐变色,填充后取消选区。

第 7 步:复制并变换图像。选择并复制"图层 1"图像为"图层 1 副本",按 Ctrl+T 组合键对图像进行垂直翻转,然后将"图层 1 副本"移至"图层 1"的下方,并向上移动图像,最终效果图如【二维码 7-3】所示。

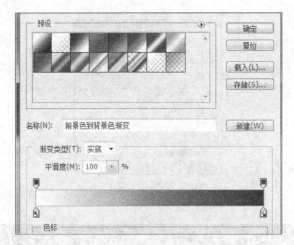

图 7-27 渐变色填充蒙版选区

图 7-28 渐变色填充蒙版选区效果

图 7-29 编辑渐变色并填充

7.4 上机实训

7.4.1 实训 1：制作一张公益海报

实训目的

- 掌握路径抠图的方法。

- 掌握文字变形的方法。
- 掌握合成图像的方法。

实训内容

绘制公益海报"虚拟网络",效果如图 7-30 所示。

图 7-30 "虚拟网络"海报效果图

实训步骤

第 1 步:新建名为"虚拟网络"的文件,宽、高分别设为 20 厘米和 26 厘米,分辨率为 100 像素/英寸,色彩模式为 RGB 16 位真彩色,背景为透明。

第 2 步:用渐变填充背景,打开素材"手.tif""黄色底纹.jpg""手机.jpg""电视.jpg",移动到图像上,调整大小、位置。

第 3 步:输入文字"……玄幻小说?",按 Enter 键,再输入"……英雄……",按 Enter 键,再输入"这么久没跟爸妈去散步了,走,宝贝,散步去?",按 Enter 键,输入"我没空,你们自己去玩吧!",再输入"……!"选择 ,创建文字变形。

第 4 步:用【钢笔工具】对大人的手进行抠图,并建立选区,复制手形到新建图层粘贴,选择【图像】|【调整】|【去色】命令,再选择【图像】|【调整】|【亮度/对比度】命令,参数如图 7-31 所示。

图 7-31 【亮度/对比度】命令

第 5 步:将复制并加深的图层命名为"复制手形",用【移动工具】将其轻微地向左边移位。在手背上输入"虚拟网络"并按住 Ctrl+T

组合键调整大小和方向。单击【图层样式】 fx.按钮,如图 7-32 所示进行设置,在"黄色格纹"图层上输入文字"留点闲暇,看看真实的世界",并调整大小和颜色。

第 6 步:打开素材盘中的"手机.jpg",用【自由钢笔工具】勾选 磁性的 选项,对手机进行抠图,如图 7-33 所示,转换为选区后,用【移动工具】移动到"虚拟网络"文件中来,调整大小及图层位置。将该图层命名为"手机",并选择【图像】|【调整】|【去色】命令,对拖进来的手机做去色处理。

第 7 步:保存为"虚拟网络.psd"。

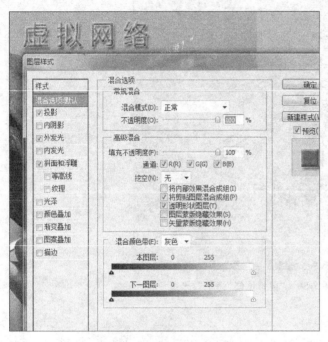

图 7-32　添加【图层样式】

图 7-33　给手机抠图

7.4.2　实训 2:制作一张圣诞贺卡

实训目的

- 掌握图像合成的方法。
- 掌握文字图层样式的应用。

实训内容

制作一张圣诞贺卡,效果如图 7-34 所示。

实训步骤

第 1 步:新建名为"圣诞贺卡"的文件,宽、高分别设为 30 厘米和 40 厘米。分辨率为 72 像素/英寸,色彩模式为 RGB 8 位真彩色,背景为蓝色。

第 2 步:编辑渐变色,左色标和右色标的颜色 RGB 的值分别如图 7-35 和图 7-36 所示,按【角度渐变】 按钮,在图像中部按住鼠标左键拉出如图 7-37 所示的渐变色彩(见

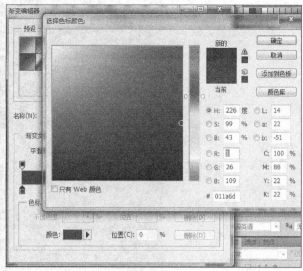

图 7-34 "圣诞快乐"完成效果图　　　　图 7-35 渐变左色标参考值

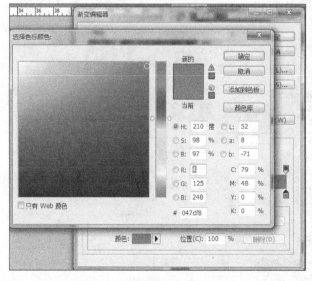

图 7-36 渐变右色标参考值　　　　　　图 7-37 渐变色彩

二维码资源)。

第 3 步：打开素材"雪花.tif""雪花组图 1.tif""雪花组图 2.tif""圣诞老人.tif",将几个图像中的"雪花""雪花组图 1"和"雪花组图 2""圣诞老人"分别合入图像中,调整大小、位置,并把雪花图层复制后变换大小和位置,效果如图 7-38 所示。

第 4 步：输入文字"圣诞快乐",字体字号可以随意设定,在文字图层上右击执行【混合选项】|【外发光】、【投影】、【内发光】命令,各项设置可参考图 7-39～图 7-41。

用同样的方法输入"Merry Christmas 2017",执行【混合选项】|【外发光】、【内发光】、

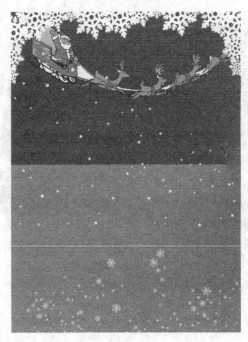

图 7-38 合成素材

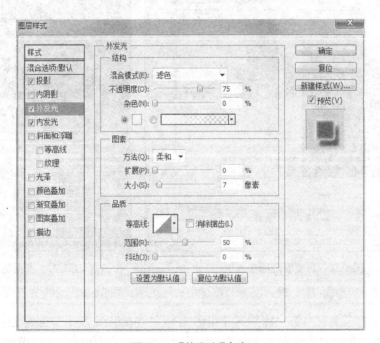

图 7-39 【外发光】命令

【颜色叠加】命令,各项设置可参考图 7-39～图 7-42 所示。

第 5 步:打开素材"圣诞树.jpg",勾选【自由钢笔工具】对圣诞树抠图,按 Ctrl+Enter 组合键建立选区,用【移动工具】将"圣诞树"移入图像的左下角,调整大小后把【不透明度】

项目 7 认识与应用路径和文字

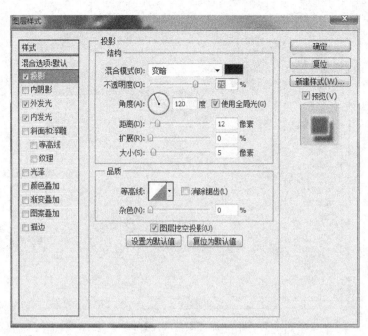

图 7-40 【投影】命令

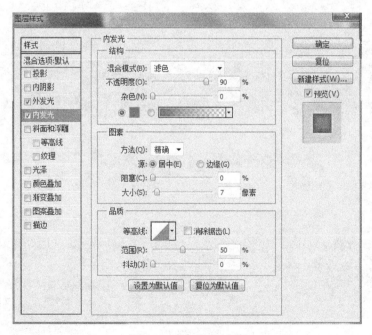

图 7-41 【内发光】命令

调为 30%，完成效果如图 7-34 所示。

第 6 步：保存为"圣诞贺卡.psd"。

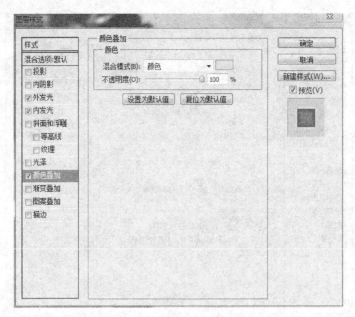

图 7-42 【颜色叠加】命令

认识与应用通道和蒙版

通道和蒙版是 Photoshop 里的两个高级编辑功能,蒙版可以在图像整体内容不影响的情况下对图像部分内容进行调整;运用通道可以抠图并能制作出一些特殊的图像效果。

本章主要内容

- 蒙版。
- 通道。

能力培养目标

要求学生熟练掌握 Photoshop CS5 中通道和蒙版的基本操作,以及运用通道和蒙版完成图像的合成。

8.1 任务导入与问题提出

8.1.1 任务导入

任务 1:制作一张带文字的砖墙效果

设计一面文化砖墙,主题是"青春不散场",设计效果如【二维码 8-1】所示。

任务 2:制作一张灯光黄金字效果图

制作灯光黄金字,设计效果如【二维码 8-2】所示。

任务 3:更换照片背景(加相框)

制作具有发光效果的文本,设计效果如【二维码 8-3】所示。

8.1.2 问题与思考

- Photoshop CS5 中蒙版有哪几种?
- Photoshop CS5 中创建蒙版的方法有哪些?
- Photoshop CS5 中如何编辑蒙版?

- 什么是通道？
- Photoshop CS5 中的通道有几种类别？分别有何作用？
- Photoshop CS5 通道如何建立和编辑？

8.2 知 识 点

8.2.1 蒙版的基本概念与基本操作

1．蒙版的概念

在 Photoshop CS5 中，蒙版主要用于合成图像，通过蒙版中的黑、白、灰来控制图层中局部或整体透明度状态。Photoshop 中的蒙版通常分为三种，即图层蒙版、剪贴蒙版、矢量蒙版。

Photoshop 蒙版的主要作用有抠图、作图边缘的淡化效果、图层间的融合。

2．创建和编辑图层蒙版

图层蒙版是一个 256 级的灰度图像，蒙版中黑色区域图像隐藏，白色区域可见，不同灰度的区域呈不同层次的透明。在图层蒙版中反复修改，不会破坏图层本身的图像。任何一张灰度图都可用来做蒙版。例如，实例"写真.psd"就是运用快速蒙版、添加图层蒙版、蒙版上画笔涂抹的方法制作完成，如图 8-1 所示。

图 8-1 图层蒙版

- 单击图层面板底部的【添加图层蒙版】 按钮，为当前图层创建一个空白图层蒙版。如果创建蒙版前该图层中有选区，则选区内为白色，选区外为黑色。
- 在图层蒙版上可以使用画笔、渐变色和滤镜对图层蒙版进行编辑，调整当前图层图像显示效果。
- 在蒙版上运用渐变填充可以使两个图层中的图像融合在一起。
- 图层缩略图与蒙版缩略图之间有一个【链接图标】 ，使用【移动工具】移动图像时，图层内容和蒙版一起移动。单击取消【链接图标】，移动时，将只移动蒙版的位置。

3. 蒙版面板

【蒙版】面板用于调整所选图层中的图层蒙版和矢量蒙版的不透明度、羽化范围和边缘调整，如图 8-2 所示。

选择蒙版，在【蒙版】面板中进行编辑。

- 在【蒙版】面板中单击【创建像素蒙版】按钮，为当前图层添加图层蒙版。或在【蒙版】面板中单击【添加矢量蒙版】按钮，可以添加矢量蒙版。
- 在【蒙版】面板中，拖动【浓度】参数滑块，调整当前所选蒙版的不透明度。
- 拖动【羽化】参数滑块，可以羽化模糊蒙版边缘，创建柔和的过渡效果。
- 单击【蒙版边缘】按钮，打开【调整蒙版】对话框，修改蒙版边缘，并针对不同的背景查看蒙版。
- 单击【颜色范围】按钮，打开【色彩范围】对话框，在图像中取样并调整颜色容差来修改蒙版范围。
- 单击【反相】按钮，将反向图层蒙版。

4. 应用、删除和停用图层蒙版

保存文件时可以将图像中的图层蒙版效果和图层一起保存。蒙版中可以进行应用、删除和停用图层蒙版的操作，在图层蒙版缩略图处右击，在弹出菜单中选择相应的命令，如图 8-3 所示。

图 8-2 【蒙版】面板

图 8-3 应用、删除和停用图层蒙版菜单

- 应用图层蒙版是指保留图层蒙版效果，而图层蒙版将被取消。
- 不再需要的图层蒙版，可以选择【删除图层蒙版】命令。
- 图层中的图像恢复为添加蒙版前的效果，选择【停用图层蒙版】命令，停用后其蒙版缩略图上将出现一个 ✕ 标记。当需要再次应用该蒙版效果时选择【启用图层蒙版】命令即可。

5. 创建和编辑快速蒙版

使用快速蒙版不会影响图像，只会生成相应的选区，如图 8-4 所示。

- 单击工具箱中的【快速蒙版模式编辑】■按钮或按快捷键 Q,进入快速蒙版。
- 添加快速蒙版后,前、背景颜色为黑白,并在通道面板生成一个快速通道。
- 快速蒙版上用【画笔工具】或【橡皮擦工具】等涂抹。用黑色会留下一些红色半透明的区域,这些区域就是不需要选取的部分。
- 单击工具箱中的【以标准模式编辑】■按钮或按快捷键 Q,退出快速蒙版。
- 对快速蒙版涂抹的区域执行滤镜操作,可以生成更为复杂的选区。

图 8-4　添加快速蒙版处理蝴蝶结

6. 创建和编辑矢量蒙版

矢量蒙版是通过形状控制图像显示区域的,它仅能作用于当前图层。实例模板图"写真 2.psd",如图 8-5 所示。在矢量蒙版中创建的形状是矢量图,用【钢笔工具】和【形状工具】对图形进行编辑修改,从而改变蒙版的遮罩区域,任意缩放都不会失真。

图 8-5　矢量蒙版

在【蒙版】面板中单击【添加矢量蒙版】按钮,创建矢量蒙版。矢量蒙版中绘制路径图形定义图像显示区域。使用【钢笔工具】或【形状工具】对其路径进行编辑。

7. 剪贴蒙版

剪贴蒙版是一组具有剪贴关系的图层,主要由两部分组成,即基底图层和内容层。内容图层只显示基底图层中有像素的部分,其他部分隐藏。"写真 2.psd"也可以用这种方法,如图 8-6 所示。

- 剪贴蒙版必须在相邻的两个图层之间创建,上层为内容图层,下层为基底图层。将光标放在内容图层和基底图层之间的线上,当光标变成两个交叉圆时,按住 Alt 键,同时单击鼠标,创建剪贴蒙版。
- 取消剪贴蒙版,选择内容图层,将光标放在两个图层之间的线上,当光标变成"正方形"图标时,再按住 Alt 键,同时单击鼠标,即可取消剪贴蒙版。

项目 8　认识与应用通道和蒙版

图 8-6　剪贴蒙版

8.2.2　通道的基本概念与操作

1. 通道的概念

Photoshop 中通道用于存储图像中的色彩信息和保存选区。通道根据其作用不同可分 3 种类型，它们分别是"颜色通道""Alpha 通道""专色通道"。如实例"春之物语.psd"的通道结构，如图 8-7 所示。

图 8-7　"春之物语"的图层与通道结构

2. 通道面板

在【通道】面板中，从上至下依次是复合通道、颜色通道和 Alpha 通道。其中，复合通道是由颜色通道混合形成的图；颜色通道是随着创建文件时产生的；Alpha 通道是根据设计需要创建的。

在【通道】面板中，可以进行以下基本操作。

- 选择【窗口】|【通道】命令，可打开【通道】面板。
- 单击【通道】面板，选择某一通道，称为当前通道。按住 Shift 键可以选择多个通道。
- 单击面板左侧的【显示/隐藏通道】图标，显示或隐藏该通道的信息。
- 按住 Ctrl 键单击某一通道（可以是颜色通道或 Alpha 通道），可以载入选区，在【通道】面板中,白色对应选区,黑色对应非选区。
- 单击【删除当前通道】按钮或用鼠标拖动通道到该按钮上,可以删除当前通道。

3. 颜色通道

一个图片自动会创建颜色通道,图像的模式决定了颜色通道的数量,RGB 模式有 R、G、B 三个颜色通道,CMYK 图像有 C、M、Y、K 四个颜色通道,灰度图像只有一个颜色通道。

4. 复合通道

复合通道是多个颜色通道的混合效果,是我们所看到的"图像"本身,当编辑某个颜色通道时,图像窗口中显示的是通道中的内容,通常为灰度图,如果要返回图像状态,则需要单击复合通道。

5. Alpha 通道

在 Photoshop 进行图像处理时创建的新通道称为 Alpha 通道,用于存放选区和蒙版。Alpha 通道是 256 级灰度图像,不同的灰度表示不同的透明度;白色表示不透明,灰色表示半透明,黑色表示透明。Alpha 通道还可用于制作图像的特殊效果,如创建特殊形状选区、制作过渡效果等。

6. 专色通道

专色通道是用来存储专用彩色信息的通道。印刷品采用 CMYK 色彩模式,为了更好地表现图像效果,会用除了 CMYK 模式以外的特殊颜色,比如金色、银色等。在印刷中需要创建一个专门的通道存储这种颜色。每一个专色通道都会有一个属于自己的印版,也就是专色通道要作为一张单独的胶片输出。

7. 通道基本操作

(1) 新建通道
- 单击【创建新通道】按钮,可以快速地建立一个新 Alpha 通道。
- 单击【通道】面板右上方的 按钮,在弹出的菜单中选择【新建通道】。
- 单击【通道】面板右上方的 按钮,打开菜单列表,选择【新建专色通道】。

(2) 通道的复制和删除
- 选择要复制的通道,选择【通道】面板菜单中的【复制通道】命令,打开【复制通道】对话框,给新通道命名。也可以拖动已有的通道到【通道】面板的【新建通道】按钮。

注意:复制通道可以在同一个文件内进行,也可以将通道复制到另一个文件的【通道】面板中,或者复制到新建的文件中。

- 选择要删除的通道。单击【通道】面板下方的删除按钮。

注意:删除彩色信息通道,图像的颜色模式将发生转变,将转变为多通道模式的图像,各通道之间也不再有关系,不产生复合通道。

(3) 通道的分离与合并

Photoshop CS5 中使用【分离通道】命令可以将通道分离成为单独的灰度图像,分离通道后,在完成了对各个通道的编辑之后,使用【合并通道】命令又可以将需要的通道进行合并,形成一个复合通道图像,从而达到更好的编辑图像的目的。

- 选择【通道】面板菜单中的【分离通道】命令。通道被分离成 3 个单独的灰度图像,并置于窗口中,但共存于一个文档。这 3 个灰度图像分别对应 R、G、B 这 3 个通道,可以单独进行编辑,如图 8-8 所示。

图 8-8 【分离通道】

- 在完成了对各个灰度图像的编辑之后,选择【通道】面板菜单中的【合并通道】命令。在弹出的【合并 RGB 通道】对话框中,可以分别对 R、G、B 三色通道进行设置,单击【确定】按钮后,各灰度图像又合并成一个复合 RGB 图像。

注意:在【合并 RGB 通道】对话框中,若将默认的三个通道顺序改变一下,合并后的效果将发生变化。

(4) Alpha 通道与选区

- 建立选区,在【通道】面板中单击【将选区存储为通道】 按钮,可以将当前图像中的选区范围转变为蒙版,保存到一个新增的 Alpha 通道中。该功能同【选择】|【存储选区】命令的效果相同。
- 在【通道】面板中选择通道,单击【将通道作为选区载入】 按钮,可将当前通道中的内容转换为选区范围,用户也可以将某一通道内容直接拖至该按钮上建立选区范围。

8. 通道的计算

利用【计算】命令可以将同一幅图像或具有相同尺寸和分辨率的两幅图像中的两个通道进行合并,并将结果保存到一个新图像或当前图像的新通道中,如图 8-9(a)所示。

(1) 选择【图像】|【计算】命令,打开【计算】对话框进行参数设置,如图 8-9(b)所示。

- 【源】:可选择要与当前文件相混合的源图像。只有与当前图像文件具有相同尺寸和分辨率并且已经打开的图像才能出现在此下拉列表中。
- 【图层】:选择需要合并的源图像文件中的图层。若源图像有多个图层,则会出现一个【合并图层】选项,选中该项表示用源图像中所有图层的合并效果进行合成。

- 【通道】：选择源图像的通道进行图像合成。
- 【蒙版】复选框：勾选该复选框后，用户可从中选择一幅图像作为合成图像时的蒙版（即设置限制合并的区域）。若此时选中【反相】复选框，表示将通道中的蒙版内容进行反转。
- 【结果】：可选择将混合的结果存储为新文档、新通道或选区。

(2) 参数设置好后，单击【确定】按钮，得到如图8-9(c)所示选区。

只有PSD、TIFF、PDF、PICT等格式的文件才能保留Alpha通道以其他格式存储。

(a)　　　　　　　　　　(b)　　　　　　　　　　(c)

图8-9　通道计算并载入为选区

8.3　任务实施步骤

8.3.1　任务1的实施："带文字的砖墙"的制作步骤

设计目标

通过制作"带文字的砖墙"，掌握通道和蒙版的使用方法。

设计思路

- 设计文化砖墙的内容。
- 通过使用通道和蒙版制作图案印在砖墙上的效果。

设计效果

设计效果图如【二维码8-1】所示。

操作步骤

第1步：选择【文件】|【打开】命令，选择项目8素材"砖墙.jpg""青春不散场.jpg""树.jpg""自行车.jpg"，单击【确定】按钮打开素材。

第2步：选择【移动】工具，拖曳图像"青春不散场"到砖墙图像上为"图层1"，调整其大小和位置。

第3步：单击【图层】面板"背景"图层前的 图标，隐藏图层。选择"图层1"，切换【通道】面板，选择"蓝"通道，拖曳到【创建新通道】按钮，建立"蓝副本"通道。单击通道面板的【将通道作为选区载入】按钮，将通道转变为选区，如图8-10所示。切换【图层】面板，选择"青春不散场"图层，按Delete键删除白色区域，如图8-11所示。

图 8-10 复制"蓝"通道并载入为选区

图 8-11 删除"青春不散场"的白色区域

第 4 步：用相同方法移动"树"和"自行车"图像到砖墙图像，调整大小和位置，删除"树"和"自行车"的白色区域。

第 5 步：按 Ctrl 键，选择"青春不散场""树"和"自行车"三个图层，单击图层面板的 按钮，弹出快捷菜单，选择【合并图层】命令，合并为"图层 1"，如图 8-12 所示。

第 6 步：选择"背景"图层，单击图层前的 图标，显示图层。按 Ctrl＋A 组合键全选；按 Ctrl＋C 组合键复制砖墙；打开【通道】面板，单击【创建新通道】按钮，新建 Alpha 1 通道；按 Ctrl＋V 组合键粘贴砖墙图像到 Alpha 1 通道，如图 8-13 所示。

图 8-12 合并"青春不散场""树"和"自行车"

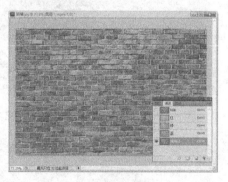
图 8-13 创建 Alpha 1 通道

第 7 步：选择 Alpha 1 通道，选择【图像】|【调整】|【色阶】命令，弹出【色阶】对话框，如图 8-14 所示设置参数。

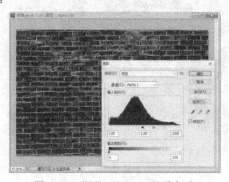
图 8-14 调整 Alpha 1 通道色阶

第8步：单击【通道】面板中的【将通道作为选区载入】按钮，将 Alpha 1 通道转变为选区，如图 8-15 所示。按 Ctrl+Shift+I 组合键反选选区。

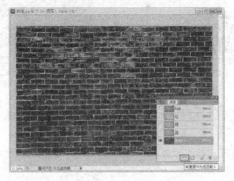

图 8-15　Alpha 1 通道载入为选区

第9步：切换【图层】面板，选择"图层 1"，单击【图层】面板中的【添加图层蒙版】按钮，为"图层 1"添加图层蒙版，如图 8-16 所示。

图 8-16　创建"图层 1"图层蒙版

第10步：选择【文件】|【存储为】命令，保存文件为"文字砖墙.psd"，如图 8-17 所示。

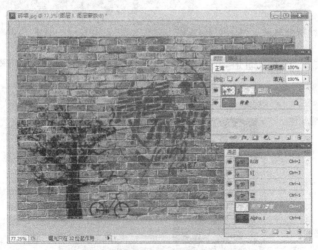

图 8-17　"文字砖墙"图层与通道结构

8.3.2 任务 2 的实施:"灯光黄金字"的制作步骤

设计目标

通过制作"灯光黄金字",掌握通道及通道应用滤镜。

设计思路

- 制作背景,用剪贴蒙版制作背景中的光晕。
- 设计文本。
- 使用通道及滤镜制作黄金字。

设计效果

设计效果图如【二维码 8-2】所示。

操作步骤

第 1 步:选择【文件】|【新建】菜单命令,新建一个 RGB 图像:大小为 800 像素×400 像素,分辨率为 72 像素/英寸,白色背景。

第 2 步:选择【渐变】工具,设置颜色为♯fdf1e6/♯eacbaf/♯6f2b80,渐变方式为"径向渐变",填充为背景,如图 8-18 所示。

图 8-18 绘制渐变色背景

第 3 步:单击【图层】面板中的【创建新图层】按钮,新建"图层 1"。使用【画笔工具】,【硬度】设为 100,前景色设为白色,绘制大小不同的圆,如图 8-19 所示。

第 4 步:单击【图层】面板中的【创建新图层】按钮,新建"图层 2"。选择【渐变】工具,设置颜色为♯fcf9f7/♯f1d8d/♯c18ab6,渐变方式为"径向渐变",填充"图层 2",如图 8-20 所示。

第 5 步:按 Ctrl+Alt 组合键,在【图层】面板中单击"图层 1"和"图层 2",创建剪贴蒙版,如图 8-21 所示。

第 6 步:单击【图层】面板中的【创建新图层】按钮,选择【文字工具】,前景色设置为♯

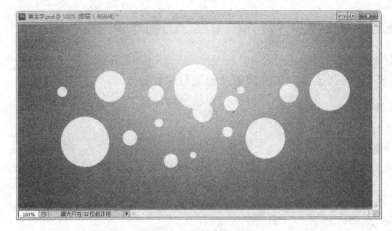

图 8-19　绘制背景光晕

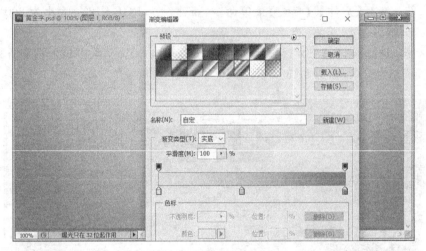

图 8-20　绘制渐变色"图层 2"

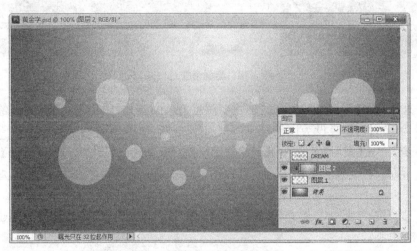

图 8-21　图层 2 创建剪贴蒙版

808080，字体为 Cooper Black，字号为 140，输入文本"DREAM"。打开【字符】面板，设置为"仿粗体"，【消除锯齿方式】为"浑厚"，如图 8-22 所示。

图 8-22　输入文本"DREAM"

第 7 步：按 Ctrl 键并单击【图层】面板中的"DREAM"图层缩略图，选择文本区域。切换【通道】面板，单击【选区保存为通道】按钮，将选区保存为 Alpha 1 通道，如图 8-23 所示。

第 8 步：在 Alpha 1 通道上保留选区，选择【滤镜】|【模糊】|【高斯模糊】命令，模糊半径设置为 5，如图 8-24 所示。

图 8-23　文本区域保存为 Alpha 1 通道　　　图 8-24　Alpha 1 通道使用滤镜【高斯模糊】命令

第 9 步：切换回【图层】面板，选择"DREAM"图层，在图层上右击，弹出快捷菜单，选择【删格化文字】。选择【滤镜】|【渲染】|【光照效果】命令，弹出【光照效果】对话框，纹理通道选择 Alpha 1，设置其余参数如图 8-25 所示，单击【确定】按钮。

第 10 步：选择【图像】|【调整】|【曲线】命令，曲线调整类似"M"形状，如图 8-26 所示。

第 11 步：选择【图像】|【调整】|【色相/饱和度】命令，参数如图 8-27 所示，为文本着色，保存为"黄金字.psd"。

8.3.3　任务 3 的实施："更换照片背景（加相框）"的制作步骤

设计目标

运用通道抠出图像中的人物，更换背景，合成婚纱照，并运用通道制作相框。

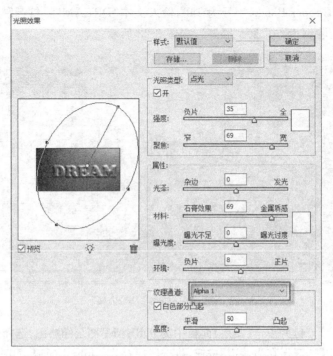

图 8-25 "DREAM"文本使用滤镜【光照效果】

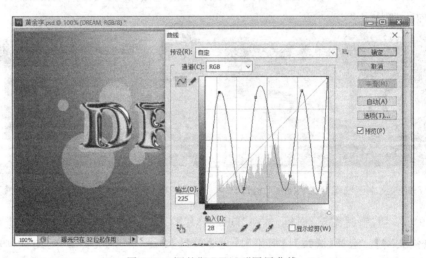

图 8-26 调整"DREAM"图层曲线

设计思路

- 使用通道创建人物选区。
- 选区人物,更换背景。
- 使用通道制作相框。

设计效果

设计效果图如【二维码 8-3】所示。

项目 8　认识与应用通道和蒙版

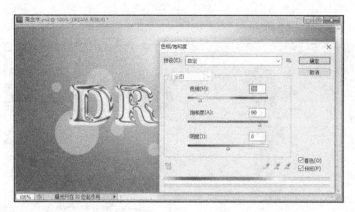

图 8-27　文字着色

操作步骤

第 1 步：选择【文件】|【打开】命令，打开素材"美女.jpg""海滩.jpg"。

第 2 步：选择"美女"图像，使用【快速选择】工具选择美女背景选区，如图 8-28 所示。单击工具箱中的【快速蒙版】按钮，添加快速蒙版；选择【画笔】工具，前景色设置为黑色，在人物部分涂抹，选出人物主体部分，如图 8-28 所示；单击【快速蒙版】按钮，退出快速蒙版，按 Ctrl+Shift+I 组合键反选；切换【通道】面板，单击【将选区存储为通道】按钮，存储为 Alpha 1 通道。选择【图像】|【调整】|【反相】命令，如图 8-29 所示。

图 8-28　快速蒙版编辑选区

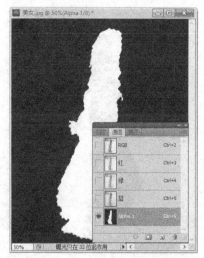

图 8-29　Alpha 1 通道反相

第 3 步：选择"蓝"通道，拖曳到【创建新通道】按钮，复制为"蓝 副本"通道。

第 4 步：选择【图像】|【调整】|【色阶】命令，【色阶】三个滑块值设置为 50、1、200，将人物和背景更清楚地分开，如图 8-30 所示。

第 5 步：选择 Alpha 1 通道，单击【通道】面板中的【将通道作为选区载入】按钮，将 Alpha 1 通道转变为选区。选择"蓝"通道，使用画笔工具将人物部分涂成黑色，人物以外部分涂成白色,如图 8-31 所示。

图 8-30　复制"蓝"通道并调整色阶值

注意：涂色时不要破坏人物头发和裙子下摆部分。

第 6 步：在"蓝"通道选择【图像】|【调整】|【反相】命令,单击【将通道作为选区载入】按钮；选择 RGB 复合通道,切换【图层面板】,使用【移动工具】将所选人物移到"海滩"图像上,调整大小和位置,如图 8-32 所示。

图 8-31　人物区域填充黑色

图 8-32　人物移动到背景

第 7 步：切换【通道】面板,单击【创建新通道】按钮,创建 Alpha1 通道。选择【矩形选区】工具绘制矩形选区,按 Ctrl＋Shift＋I 组合键反选；前景色设置为白色,按 Ctrl＋Delete 组合键填充选区。

第 8 步：选择【滤镜】|【模糊】|【高斯模糊】命令,模糊半径设置为 10。选择【滤镜】|【纹理】|【龟裂纹】命令,如图 8-33 所示。

图 8-33　Alpha 1 通道制作相框

第 9 步：在 Alpha 1 通道，单击通道面板中的【将通道作为选区载入】按钮，选择 RGB 复合通道，切换【图层面板】，单击【创建新图层】按钮，新建"图层 2"，前景色设置为 ♯fbcf04，按 Ctrl＋Delete 组合键填充选区，如图 8-34 所示。保存为"海滩美女.psd"。

图 8-34　Alpha 1 通道载入为选区填充

8.4　上机实训

8.4.1　实训 1: 制作"云中人"效果图

实训目的
- 掌握通道抠图的方法。
- 掌握图层蒙版的合成图像的方法。

实训内容
艺术婚纱照合成，设计效果图如【二维码 8-4】所示。

实训步骤

第 1 步：打开二维码中的项目 8 素材"白云.jpg""小屋.jpg""荡秋千.jpg"。

第 2 步：移动房子到白云图像上，调整大小、位置。创建图层蒙版，使用画笔工具在蒙版上涂抹，做出房子隐入云中的效果。

第 3 步：复制婚纱图像中的绿色通道，在"绿 副本"通道上调整色阶，使背景变暗，人物变亮；使用画笔工具，在人物上全部涂抹为白色，背景全部涂抹为黑色。将通道转化为选区，选择 RGB 通道，复制人物到白云图像，调整大小、位置。

第 4 步：将背景层复制，移动到最上层图层，用【魔术棒工具】选择白色区域，创建图层蒙版，在蒙版面板上调整羽化值，使云朵过渡自然。

第 5 步：使用搜索引擎查找"艺术字在线生成器"，打开网站，输入"浪漫时光"，设计为"泡泡物语"字体，下载并打开；将文字复制到白云图像中。建立文本选区，填充白色，描黄色边线；添加斜面和浮雕、外发光的图层样式。

第 6 步：保存为"婚纱照.psd"。

8.4.2　实训 2：制作"双胞胎"效果图

实训目的

通道和蒙版的应用。

实训内容

将同一人的两张照片合并到一个图像上，做成双胞胎效果，设计效果图如【二维码 8-5】所示。

实训步骤

第 1 步：打开"美女 1.jpg""美女 2.jpg"。

第 2 步：复制"美女 1"的"红"通道为"红 副本"通道，调整色阶，加大背景和人物的对比度；使用画笔将人物涂抹为黑色，背景涂抹为白色，并进行反相。

第 3 步：将通道载入为选区，选择 RGB 通道，复制人物到"美女 2"图像，水平翻转，调整大小、位置。

第 4 步：将图层透明度降低，添加图层蒙版，将后面人物的手部使用画笔工具在图层蒙版上用黑色擦出来，使两个人物的互动变得更加真实。通过改变图层透明度来观察擦除的部分在哪里。

第 5 步：在"美女 2"图层上，利用【仿制图章工具】将原先杯子的投影和杯子手柄部分去掉，利用【加深减淡工具】换上手臂的投影。

第 6 步：新建一个调整图层，调整【色彩平衡】的参数。

第 7 步：保存为"双胞胎.jpg"。

认识与应用滤镜

滤镜也称为滤波器,是一种特殊的图像效果处理技术。一般地,滤镜都是遵循一定的程序算法,对图像中像素的颜色、亮度、饱和度、对比度、色调、分布和排列等属性进行计算和变换处理,其结果是使图像产生特殊效果。

本章主要内容

认识各种滤镜并运用滤镜制作图像的特殊效果。

能力培养目标

要求学生熟练掌握 Photoshop CS5 各种滤镜的基本操作,以及运用滤镜完成图像相关特效的制作。

9.1 任务导入与问题的提出

9.1.1 任务导入

任务 1:制作燃烧的文字

制作燃烧的文字,设计效果图如【二维码 9-1】所示。

任务 2:制作水珠效果图

制作水珠,设计效果图如【二维码 9-2】所示。

任务 3:制作水墨画

制作水墨画,设计效果图如【二维码 9-3】所示。

9.1.2 问题与思考

- Photoshop CS5 滤镜有哪几种?
- Photoshop CS5 滤镜的操作有什么特点?

9.2 知 识 点

9.2.1 滤镜的基本概念与使用特点

1. 滤镜的概念

在 Photoshop CS5 中,滤镜是一种特殊的图像效果处理技术,用来实现图像的各种特殊效果,它在图像处理中具有非常神奇的作用。滤镜通常同通道、图层等联合使用,以取得最佳艺术效果。

2. 滤镜使用的特点

Photoshop 中滤镜有很多种,但所有滤镜的使用,都有以下相同的特点。

- 滤镜的处理效果是以像素为单位的。
- 当执行完一个滤镜后,可用【编辑】|【渐隐】工具对执行滤镜后的图像与源图像进行混合。
- 在任一滤镜对话框中,按 Alt 键,对话框中的【取消】按钮变成【复位】按钮,单击它可恢复到打开时的状态。
- 在位图和索引颜色的色彩模式下不能使用滤镜。
- 在 Photoshop 中,滤镜可对选区图像、整个图像、当前图层或通道起作用。

9.2.2 滤镜的操作

1. 风格化滤镜的操作

Photoshop 中风格化滤镜是通过替换像素或通过相邻像素的对比度来使图片产生加粗、夸张的效果,几乎能模拟真实的艺术创作手法。

- 凸出:该滤镜可以用来制作处于三维空间的物体,用户可以将图像【二维码 9-4】转化为一系列的三维状态,设计效果图如【二维码 9-5】所示。
- 扩散:该滤镜将图像中相邻的像素随机替换,使图像扩散,产生一种好像是透过磨砂玻璃观看影像的效果,设计效果图如【二维码 9-6】所示。
- 拼贴:该滤镜根据用户的设定把图像分割成许多瓷砖,使图像就好像是由瓷砖拼贴在一起一样,设计效果图如【二维码 9-7】所示。
- 曝光过度:该滤镜将图像的正片与负片相混合,产生就像在摄影中增加光线强度的过度曝光的效果,使用一次该滤镜和多次使用该滤镜的效果是相同的,设计效果图如【二维码 9-8】所示。
- 查找边缘:该滤镜通过搜索主要颜色的变化区域,突出边缘,效果就像是用笔勾勒过轮廓一样。此滤镜对不同色彩模式的彩色图像的处理效果不同,如图 9-1 所示。
- 浮雕效果:该滤镜通过勾画图像或选区的轮廓和降低周围色值来产生不同程度的凸起和凹陷效果。

可调整参数有:【角度】为 135,【高度】为 3,【数量】为 97%。

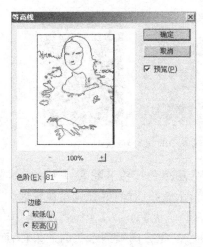

图 9-1 【查找边缘】滤镜

- 照亮边缘：该滤镜搜索图像边缘，并加强其过渡像素，产生发光效果，如图 9-2 所示。
- 等高线：该滤镜与【查找边缘】滤镜相似，所不同的是它围绕图像边勾画出一条较细的线，它要在每一个彩色通道内搜索轮廓线，如图 9-3 所示。

图 9-2 【照亮边缘】滤镜　　　　　　图 9-3 【等高线】滤镜

- 风：该滤镜通过在图像中增加一些小的水平线而产生风吹的效果。该滤镜只在水平方向起作用，用户若想得到其他方向的风吹效果，只需将图片旋转后再用【风】滤镜。

可调整参数有：【方法】设为"风"、【方向】设为"从左"。

2. 画笔描边的操作

【画笔描边】滤镜主要通过模拟不同的画笔或油墨笔刷来勾绘图像，产生绘画效果。

- 成角的线条：该滤镜可以产生斜笔画风格的图像，类似于使用画笔按某一角度在画布上用油画颜料所涂画出的斜线，线条修长、笔触锋利，效果比较好看。

可调整参数有：【方向平衡】，调整成角线条的方向控制；【描边长度】，控制线条的长度；【锐化程度】，调整锐化程度，数值越大，它就会把像素颜色变得越亮，效果比较生硬，数值越小，成角的线条就会越柔和，如图 9-4 所示。

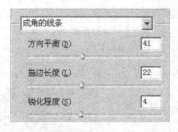

图9-4 【成角的线条】滤镜

- 墨水轮廓：根据图像的颜色边界，用黑色描绘其轮廓，【墨水轮廓】滤镜以画笔画的风格，用精细的线在原来的细节上重绘图像，并强调图像轮廓。

可调整参数有：【描边长度】为1、【深色强度】为13、【光照强度】为10。

- 喷色描边：该滤镜可以产生一种按一定方向喷洒水花的效果，画面看起来有如被雨水冲刷过一样。

可调整参数有：【描边长度】，调整当前文件图像喷色线条的长度；【喷色半径】，调整当前文件图像喷色半径的程度，数值越大喷溅的效果越差；【描边方向】，有"水平""垂直""左对角线""右对角线"，如图9-5所示。

图9-5 【喷色描边】滤镜

- 强化的边缘：该滤镜类似于使用彩色笔来勾画图像边界而形成的效果，使图像有一个比较明显的边界线。

可调整参数有：【边缘宽度】为2、【边缘亮度】为38、【平滑度】为5，如图9-6所示。

图9-6 【强化的边缘】滤镜

- 深色线条：该滤镜通过用短而密的线条来绘制图像中的深色区域，用长而白的线条来绘制图像中颜色较浅的区域，从而产生一种很强的黑色阴影效果。

可调整参数有：【平衡】为5、【黑色强度】为6、【白色强度】为2，如图9-7所示。

图9-7 【深色线条】滤镜

- 烟灰墨：该滤镜可以通过计算图像中像素值的分布，对图像进行概括性的描述，进而产生用饱含黑色墨水的画笔在宣纸上进行绘画的效果。它能使带有文字的图像产生更特别的效果。

可调整参数有：【描边宽度】为10、【描边压力】为2、【对比度】为16。

- 阴影线：该滤镜可以使图像产生用交叉网格线描绘或雕刻的网状阴影效果，使图像中彩色区域的边缘变粗糙，并保留原图像的细节和特征。

可调整参数有：【描边长度】为8、【锐化程度】为7、【强度】为1。

3. 模糊滤镜的操作

【模糊】滤镜可以使边缘太清晰或对比度太强烈的区域产生模糊柔化边缘的效果，还可以制作柔和阴影，其原理是减少像素间的差异使明显的边缘模糊或使突出的部分与背景更接近。

- 表面模糊：在保留边缘的同时模糊图像。此滤镜用于创建特殊效果并消除杂色或粒度。

可调整参数有：【半径】选项指定模糊取样区域的大小。【阈值】选项控制相邻像素色调值与中心像素值相差多大时才能成为模糊的一部分，色调值差小于阈值的像素被排除在模糊之外，设计效果图如【二维码9-9和9-10】所示。

- 动感模糊：使用该滤镜可以产生运动模糊，它是模仿物体运动时曝光的摄影手法，增加图像的运动效果。

可调整参数有：【模糊的角度】为0、【距离】为40像素。

- 方框模糊：是基于图像中相邻像素的平均颜色来模糊图像的。半径值越大，模糊的效果越强烈。

可调整参数有：【半径】为1像素。

- 高斯模糊：【高斯模糊】滤镜可以直接根据高斯算法中的曲线调节像素的色值，控制模糊程度，造成难以辨认的浓厚的图像模糊。

可调整参数有：【半径】为3.2像素。

- 径向模糊：该滤镜属于特殊效果滤镜。使用该滤镜可以将图像旋转成圆形或从中心辐射图像图效。

可调整参数有：【数量】为 20、【模糊方法】设为"中心模糊"、【品质】设为"好"。

- 镜头模糊：仿照镜头拍摄的模糊方式，纵深越长模糊强度越大，常用来做主体之外的虚化背景的处理。

可调整参数有：【深度映射】、【光圈】、【镜面高光】和【杂色】等，如图 9-8 所示。

图 9-8　【镜头模糊】滤镜

- 形状模糊：让图片按照固定的图片样式进行模糊。

可调整参数有：【半径】为 10 像素及各种图形。

- 模糊：该滤镜通过减少相邻像素之间的颜色对比来平滑图像。它的效果轻微，能将明显的边缘或突出的形状改柔和。
- 特殊模糊：使用该滤镜可以产生一种清晰边界的模糊方式，它自动找到图像的边缘并只模糊图像的内部区域。它的一项很有用的功能是抹除图像的斑点。
- 进一步模糊：【进一步模糊】滤镜与【模糊滤镜】的效果相似，但它的模糊程度大约是【模糊滤镜】的 3～4 倍。该滤镜也没有对话框。

4. 扭曲滤镜的操作

【扭曲】滤镜可以做几何方式的边形处理，生成一种从波纹到扭曲或三维变形图像的特殊效果，可以创作非同一般的艺术效果。

- 波浪：该滤镜包括波动源的个数、波长、波纹幅度以及波纹类型，使产生歪曲摇晃的效果。

可调整参数有：【生成器数】、【波幅】、【比例】、【类型】和【未定义区域】，如图 9-9 所示。

图 9-9　【波浪】滤镜

- 波纹：此滤镜模拟一种微风吹拂水面的方式，使图片产生水纹涟漪的效果。

可调整参数有：【数量】为 465%、【大小】为中。

- 玻璃：该滤镜产生一种透过玻璃看图片的效果。

可调整参数有：【扭曲度】为 6、【平滑度】为 3、【纹理】为磨砂、缩放和反相。

- 海洋波纹：该滤镜能移动像素产生一种海面波纹涟漪的效果。

可调整参数有：【波纹大小】为 7 和【波纹幅度】为 8。

- 极坐标：该滤镜能产生图像坐标向极坐标转化或从极坐标向直角坐标转化的效果，它能将直的物体拉弯。

可调整参数有：【平面坐标到极坐标】、【极坐标到平面坐标】。

- 挤压：该滤镜能产生一种图像或选区被挤压或膨胀的效果。实际上是压缩图像或选取中间部位的像素，使图像呈现凹凸效果。

可调整参数有：【数量】为 66%。

- 扩散亮光：可以通过设定好的背景色，对图片从中心产生一种扩散出来的亮光效果。

可调整参数有：【粒度】为 10、【发光量】为 14、【清除数量】为 15。

- 切变：沿一条曲线扭曲图像，通过拖移框中的线条来指定曲线，形成一条扭曲线，可以调整曲线上任何一点。

可调整参数有：【折回】，表示图像右边界处不完整的图形可在图像左边界继续延伸；【重复边缘像素】，表示图像边界处不完整的图形可以用重复局部像素的方法来修补，拖动曲线端点的黑点可以改变曲线方向，如图 9-10 所示。

- 球面化：该滤镜产生将图像贴在球面或柱面上的效果。

可调整参数有：【数量】和【模式】，【模式】中"正常"为球面，"水平优先"和"垂直优先"为柱面。

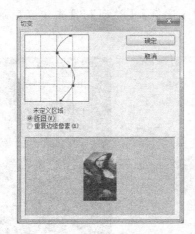

图 9-10 【切变】滤镜

- 水波：所产生的效果就像把石子扔进水中所产生的同心圆波或旋转变形的效果。

可调整参数有：【数量】为 20、【起伏】为 10、【样式】为水池波纹。

- 旋转扭曲：该滤镜创造出一种螺旋形的效果，在图像中间出现最大的扭曲，逐渐向边界方向递减，就像风轮一样，设计效果图如【二维码 9-11 和 9-12】所示。
- 置换：置换就是选择另一幅图片，让其在当前的图片上产生凹凸效果。比如要在一块板（现有图片）上印上一朵花的凹雕图案，就使用【置换】滤镜选择一朵花的图片，调整参数后那花就印在板上面了，如图 9-11 所示。

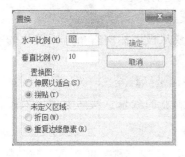

图 9-11 【置换】滤镜

5. 锐化滤镜的操作

- USM 锐化：该组滤镜是产生边缘轮廓的锐化效果，可以通过设置参数来调节锐化的程度。

可调整参数有：【数量】为 89、【半径】为 1.8、【阈值】为 0。

- 智能锐化：相对于 USM 来说，可调剂的选项更多、更方便些，并且更柔和些。

可调整参数有：【数量】，设置锐化量，值越大，像素边缘的对比度越强，使其看起来更加锐利；【半径】，决定边缘像素周围受锐化影响的锐化数量，半径越大，受影响的边缘就越宽，锐化的效果也就越明显；【移去】，设置对图像进行锐化的锐化算法，【高斯模糊】是【USM 锐化】滤镜使用的方法，【镜头模糊】将检测图像中的边缘和细节，【动感模糊】尝试减少由于相机或主体移动而导致的模糊效果,如图9-12所示。

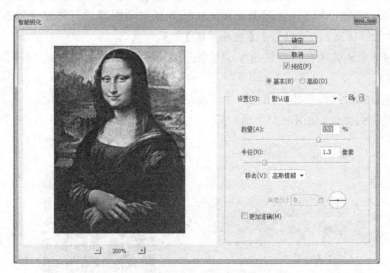

图9-12 【智能锐化】滤镜

- 进一步锐化:该滤镜的锐化效果比较强烈。
- 锐化:通过增加相邻像素之间的对比使图像变得清晰,该滤镜的效果比较轻微。
- 锐化边缘:该滤镜仅仅锐化图像的边缘部分,使得界线明显。

6. 视频滤镜的操作

【视频】滤镜可以处理摄像机输入的图像,属于外图接口程序。

- NTSC颜色:是国际电视标准委员会的缩写。该滤镜可使图像的色域适合NTSV视频的色域标准,以便图像能在电视上播放。
- 逐行:有的视频图像是属于隔行方式显示的图像,即交替扫描得到的图像。可设置【消除方式】为"奇数场"或"偶数场",【创建新场方式】为"复制"或"插值",设计效果图如【二维码9-13】所示。

7. 素描滤镜的操作

【素描】滤镜用于创建手绘图像的效果,简化图像的色彩。

- 木刻:可以模拟剪纸效果,看上去像是经过精心修剪的彩纸图。可调整参数有:【色阶数】为4、【边缘简化度】为4、【边缘逼真度】为2。
- 水彩画纸:该滤镜产生水彩画的效果,加深图像的颜色。可调整参数有:【纤维长度】为15、【亮度】为60、【对比度】为80。

8. 纹理滤镜的操作

【纹理】滤镜为图片增加各种图案,【纹理滤镜】包括6种滤镜,这些滤镜可以给图片增加各种纹理效果,还可以制作纹理图。

- 龟裂缝:该滤镜能使图像产生凹凸的裂纹。可调整参数有:【裂缝间距】为14、【裂缝深度】为6、【裂缝亮度】为8。
- 颗粒:该滤镜为图像增加许多颗料纹理。可调整参数有:【强度】为40、【对比度】

为 50、【颗粒类型】为"常规"。
- 马赛克拼贴：该滤镜为图像增加一种马赛克拼贴图案。可调整参数有：【拼贴大小】为 28、【缝隙宽度】为 1、【加亮缝隙】为 1。
- 拼缀图：该滤镜产生建筑拼贴的效果。可调整参数有：【方形大小】为 7、【凸现】为 13。
- 染色玻璃：该滤镜使用图像产生不规则的彩色玻璃格子效果，格子内的色彩为当前像素的颜色，如图 9-13 所示。

图 9-13 【染色玻璃】滤镜

- 纹理化：该滤镜产生多种纹理，专门用来制作材质纹理。可调整参数有：【纹理】为画布、【缩放】为 100%、【凸现】为 4、【光照】为"上"及"反相"。

9. 像素化滤镜的操作

像素化是指单元格中颜色值相近的像素叠成块来清晰地定义一个选区。

- 彩块化：此滤镜通过分组和改变示例像素成相近的有色像素块，将图像的光滑边缘处理出许多锯齿，设计效果图如【二维码 9-14】所示。
- 彩色半调：该滤镜将图像分格然后向方格中填入像素以圆点代替方块，处理后的图像看上去就像是铜版画，设计效果图如【二维码 9-15】所示。
- 点状化：该滤镜将图像分解成一些随机的小圆点，间隙用背景色填充产生点画派作品的效果，设计效果图如【二维码 9-16】所示。
- 晶格化：该滤镜将相近有色像素集中到一个像素的多角形网格中，创造出一种独特的风格，设计效果图如【二维码 9-17】所示。
- 马赛克：该滤镜将力偶分解成许多规则排列的小方块，其原理是把一个单元内的所有像素的颜色统一产生马赛克效果，设计效果图如【二维码 9-18】所示。
- 碎片：该滤镜自动拷贝图像然后以半透明的显示方式错开粘贴 4 次，产生的效果就像图像中的像素在震动，设计效果图如【二维码 9-19】所示。
- 铜版雕刻：该滤镜用点、线条重新生成图像，产生金属版画的效果，它将灰图转化为黑白图，将彩色图饱和。细节产生的效果和源图很相近，设计效果图如【二维码 9-20】所示。

10. 渲染滤镜的操作

- 分层云彩：该滤镜将图像与云块背景混合起来产生图像反白的效果，设计效果图如【二维码 9-21】所示。
- 光照效果：该滤镜产生一种光照射的效果，有多种样式可选，参数上可调整光照类型及各种属性，设计效果图如【二维码 9-22】所示。
- 镜头光晕：该滤镜模拟光线照射在镜头上的效果，产生折射纹理，如摄像机镜头的炫光效果。可选多种类型的镜头，设计效果图如【二维码 9-23】所示。
- 纤维：该滤镜产生纤维纹理效果。可调整差异和强度参数，随机化按钮随机产生不同纤维纹理的效果，设计效果图如【二维码 9-24】所示。

11. 艺术效果滤镜的操作

【艺术效果】滤镜包括 16 种滤镜，它们会使图像产生一种艺术效果，看上去就像经过画家处理过的，该滤镜只适用于 RGB 及 8 位通模式。

- 壁画：该滤镜将产生古壁画的斑点效果，它和干燥笔有相同之处，能强烈地改变图像的对比度，产生抽象的效果，设计效果图如【二维码 9-25】所示。
- 彩色铅笔：该滤镜模拟美术中的彩色铅笔绘画效果，使得经过处理的图像看上去就像用彩色铅笔绘制的，使其模糊化，并在图像中产生一些主要背景色和灰色组成的实线斜线，设计效果图如【二维码 9-26】所示。
- 粗糙蜡笔：该滤镜产生一种覆盖纹理效果，处理后的图像看上去就像用彩色蜡笔在材质背景上作画一样，设计效果图如【二维码 9-27】所示。
- 底纹效果：模拟传统的用纸背面作画的技巧，产生一种纹理喷绘效果，设计效果图如【二维码 9-28】所示。
- 调色刀：该滤镜使颜色相近融合，产生大写意的笔法效果，设计效果图如【二维码 9-29】所示。
- 干画笔：该滤镜使画面产生一种不饱和、不温润、干枯的油画效果，设计效果图如【二维码 9-30】所示。
- 海报边缘：该滤镜可以使图像转化成漂亮的剪贴画效果，它将图像中的颜色分为设定的几种，捕捉图像的边缘并用黑线勾边，提高图像的对比度，设计效果图如【二维码 9-31】所示。
- 海绵：该滤镜将产生画面浸湿的效果，就好像使用海绵蘸上颜料在纸上涂抹一样，设计效果图如【二维码 9-32】所示。
- 海洋波纹：该滤镜能移动像素产生一种海面波纹涟漪的效果，设计效果图如【二维码 9-33】所示。
- 绘画涂抹：该滤镜产生不同画笔涂抹过的效果，设计效果图如【二维码 9-34】所示。
- 胶片颗粒：该滤镜产生一种软片颗粒纹埋效果，纯属艺术噪声类滤镜，它给原图加入一些颗粒，同时调亮图像的局部，设计效果图如【二维码 9-35】所示。
- 木刻：该滤镜可以模拟剪纸效果，看上去像是经过精心修剪的彩纸图，设计效果图如【二维码 9-36】所示。
- 霓虹灯光：该滤镜产生彩色氖光灯照射的效果。如果选取合适的颜色，该滤镜能在图像中产生三色调或四色调的效果，设计效果图如【二维码 9-37】所示。
- 水彩：该滤镜产生水彩画的效果，加深图像的颜色，设计效果图如【二维码 9-38】所示。
- 塑料包装：该滤镜产生一种表面质感很强的塑料包效果，经处理后，图像就像包上了一层塑料薄膜，使图像具有很强的立体感，在参数的一定范围内图像表面就会产生塑料泡沫，设计效果图如【二维码 9-39】所示。
- 涂抹棒：该滤镜产生条纹涂抹效果，使用条状涂抹滤镜将使图像中的暗调区域变模糊，使亮调区变得更亮，设计效果图如【二维码 9-40】所示。

12. 杂色

【杂色】滤镜可以通过增加或去除图像中的杂点，这些工具在处理扫描图像时非常有用。

- 减少杂色：该滤镜能除去与整体图像不协调的杂点。
- 蒙尘划痕：该滤镜可以弥补图像中的缺陷。其原理是搜索图像或选区中的缺陷然后对局部进行模糊，将其融合到周围的像素中。
- 添加杂色：该滤镜向图像中添加一些干扰像素，像素混合时产生一种漫射的效果，增加图像的图案感。
- 中间值：该滤镜能减少选区像素亮度混合时产生的干扰。它搜索亮度相似的像素，去掉与周围像素反差较大的像素，以所捕捉的平均亮度来代替选取中间的亮度。

13. 其他滤镜

其他滤镜区别于其他滤镜组，可以创建自己的滤镜，也可以用滤镜修改蒙版。

- 高反差保留：该滤镜删除图像中颜色变化不大的像素，保留色彩变化较大的部分，使图像中的阴影消失，边缘像素得以保留，亮调部分更加突出。
- 位移：该滤镜可以按照一定方式使图像产生偏移。
- 自定：该滤镜允许用户创建自己的滤镜，它通过数学运算方法让用户改变图像中每个像素的亮度值，每个像素依据周围的像素来确定它的新值。
- 最大值：用来放大亮区色调，缩减暗区色调。
- 最小值：用来放大图像中的暗区，缩减亮区。

14. Digimarc

Digimarc 的主要作用是为图像加入注册全信息，当其他用户使用这个图像时会提醒该图像会受到安全化水印保护。

- 嵌入水印：该滤镜能向图像中嵌入水印图像，但不会影响原有图像，它能随着图像的复制而复制。
- 读取水印：该滤镜可以判断图像中是否有水印。该滤镜没有要设置的参数，使用该滤镜后，将弹出识别结果。

9.3 任务实施步骤

9.3.1 任务1的实施:"燃烧的文字"的制作步骤

设计目标

通过制作"燃烧的文字",掌握滤镜的使用方法。

设计思路

- 设计"燃烧的文字"的内容。
- 通过使用滤镜产生燃烧的效果。

设计效果

设计效果如【二维码9-1】所示。

操作步骤

第1步:新建文件,由【背景设置工具】设置图像背景色为黑色,选择【文件】|【新建】命令,RGB模式,填充背景色。

第2步:选择【文字工具】,输入文字"燃烧的文字",选择合适的字体,调整好字体大小。

第3步:选择【合层】菜单,再选【栅格化】|【文字】栅格化文字图层,然后按Ctrl+Shift+E组合键合并图层。

第4步:执行【图像】|【图像旋转】|【90度(顺时针)】命令。

第5步:执行【滤镜】|【风格化】|【风】命令,【方法】为风,【方向】为从左。

第6步:执行【图像】|【图像旋转】|【90度(逆时针)】命令。

第7步:执行【滤镜】|【扭曲】|【波纹】命令,【数量】设为40%,【大小】为中。

第8步:执行【图像】|【模式】|【灰度】命令,再执行【图像】|【模式】|【索引】命令。

第9步:执行【图像】|【模式】|【颜色表】命令,在列表框中选择黑体。

9.3.2 任务2的实施:"树叶上的水珠"的制作步骤

设计目标

通过制作"树叶上的水珠",掌握应用【高斯模糊】、【球面化】滤镜。

设计思路

- 在背景图上制作渐变透明选区。
- 用【模糊】滤镜制作水珠的影子,用【球面】滤镜制作水珠。

设计效果

设计效果如【二维码9-2】所示。

操作步骤

第1步:选择【文件】|【打开】命令,打开"叶子.jpg"素材图片,选择【图层】|【新建】|

【图层】命令,选择默认参数,单击【确定】按钮后生成一新图层,选择【椭圆选框工具】,按 Shift 键在新图层上画一正圆选区,选择【渐变工具】,选择黑白直线渐变,在选区上拖动鼠标填充,如图 9-14 所示。

图 9-14 在图层上选区

第 2 步:保持选区,隐藏此层,底部建新层"图层 2",填充黑色,去掉选区,执行【滤镜】|【模糊】|【高斯模糊】命令,"半径"设为 4 像素。

第 3 步:显示"图层 1",【模式】改为"叠加",选择"图层 2",往右下角挪 3 像素,选择"图层 1"选区,按 Delete 键删除。

第 4 步:建新层,画一个小的正圆选区,执行白到透明直线渐变,此为露珠的高光。

第 5 步:选择背景层,调出"图层 1"选区,执行【滤镜】|【扭曲】|【球面化】命令。

第 6 步:按 Ctrl+D 组合键去掉选区,可以把高光缩小一些,适当降低不透明度,最终效果如【二维码 9-2】所示。

9.3.3 任务 3 的实施:"水墨画"的制作步骤

设计目标

运用【纹理】、【画笔描边】、【最小值】等滤镜工具制作水墨画效果。

设计思路

- 载入原图,并去色。
- 用【喷溅】滤镜制作水墨画的效果。
- 用【纹理】滤镜制作画布的效果。

设计效果

设计效果如【二维码 9-3】所示。

操作步骤

第 1 步:打开如图 9-14 所示素材图片"荷花.jpg"。

第 2 步:选择【图像】|【调整】|【阴影/高光】命令,参数设置:【阴影数量】为 88%,【高光数量】为 26%。

第 3 步:选择【图像】|【调整】|【黑白】命令,参数设置如图 9-15 所示,效果如图 9-16 所示。

项目9 认识与应用滤镜

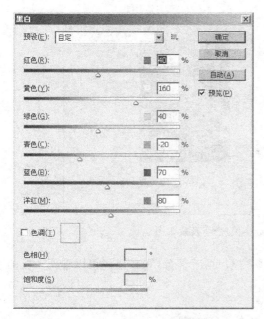

图 9-15 【黑白】命令参数设置

图 9-16 效果图

第 4 步：选择【选择】|【色彩范围】命令，选中黑色载入选区，如图 9-17 所示。

第 5 步：选择【图像】|【调整】|【反相】命令，把黑色背景转为白色，如图 9-18 所示。

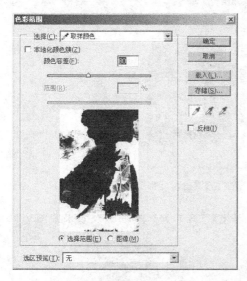

图 9-17 【彩色范围】命令

图 9-18 水墨画【反相】效果

第 6 步：把当前图层复制两层。

第 7 步：最上面的图层混合模式改为"颜色减淡"，然后按 Ctrl＋I 组合键反相，再选择【滤镜】|【其他】|【最小值】命令，参数及效果如图 9-19 所示。

第 8 步：向下合并一层，把当前图层隐藏，回到背景图层，选择【滤镜】|【画笔描边】|【喷溅】命令。

图 9-19　【最小值】命令及效果图

第 9 步：在"图层 1"用【橡皮擦工具】擦出荷叶部分，现在已经可以看到大概的水墨特效，效果如图 9-20 所示。

图 9-20　【橡皮擦工具】擦出荷叶部分

第 10 步：合并图层，选择【滤镜】|【纹理化】|【画布】命令，参数及效果如图 9-21 所示。

图 9-21　【画布】命令参数设置及效果

第 11 步：添加文字和印章，调整色调偏黄，看上去更逼真一些，如【二维码 9-3】所示。

9.4 上机实训

9.4.1 实训 1：制作全景效果的城市风景图片

实训目的

掌握滤镜操作的方法。

实训内容

全景效果的城市风景图片，如【二维码 9-41】所示。

实训步骤

第 1 步：打开素材"城市.jpg"。
第 2 步：设置图像大小为长宽相等的正方形，不先约束比例。
第 3 步：选择图像旋转 180°。
第 4 步：选择【扭曲】滤镜中的极坐标，参数选"平面坐标及极角坐标"，即可产生全景效果。
第 5 步：用【涂抹工具】消除连接缝隙。
第 6 步：用【扭曲】滤镜中的"球面化"设置数量为 100。
第 7 步：保存图像。

9.4.2 实训 2：制作闪电

实训目的

掌握滤镜制作闪电的方法。

实训内容

闪电效果如【二维码 9-42】所示。

实训步骤

第 1 步：打开素材"夜色.jpg"。
第 2 步：新建一空白图像，设宽为 1000 像素、高为 500 像素。
第 3 步：制作黑白渐变。
第 4 步：选择渲染中的【分层云彩】滤镜，按 Ctrl＋I 组合键反相生成如图 9-22 所示。
第 5 步：按下 Ctrl＋L 组合键，调整色阶，如图 9-23 所示。

图 9-22 闪电之"分层云彩"滤镜效果

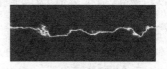
图 9-23 闪电调整色阶效果

第 6 步：将闪电拖入"夜色"图片中，调整方向，并将该层设置为"滤色"。
第 7 步：使用同样的方法生成多条闪电条，可调整色相改变闪电的色相使之更逼真。

制作与应用 3D 动画

Photoshop CS5 有两个版本,分别是常规的标准版和支持 3D 功能的 Extended(扩展)版。Photoshop CS5 标准版适合摄影师以及印刷设计人员使用,Photoshop CS5 扩展版除了包含标准版的功能外,还添加了用于创建和编辑 3D 和基于动画的内容的突破性工具。

本章将以几个实例制作为蓝本,分别介绍 Photoshop 在 3D 功能、动画方面的应用,展示 Photoshop 的多功能性。

本章主要内容

- 3D 和动画功能的基本概念、功能与应用。
- 立体字的制作。
- 飘雪动画的制作。

能力培养目标

要求掌握如何应用 3D 功能,以及掌握动画制作的操作方法。

10.1 任务导入与问题提出

10.1.1 任务导入

任务 1:制作一张立体字效果图

用 3D 功能和【横排文字工具】制作立体字效果,设计效果图如【二维码 10-1】所示。

任务 2:制作一张飘雪动画图

制作飘雪动画,使用现有素材,重点了解帧动画的制作过程、图层与帧的关系,设计效果图如【二维码 10-2】所示。

10.1.2 问题与思考

- 如何旋转、缩放 3D 对象?

- 如何为 3D 对象进行贴图？
- 动画要存储成什么格式？
- 如何使帧之间的过渡更加自然？

10.2 知 识 点

10.2.1 3D 基本概念、功能与应用

1. 3D 基本概念

3D 是 Three Dimensional 的缩写，就是三维图形。计算机屏幕是平面二维的，利用色彩灰度的不同而使人眼产生视觉上的错觉，从而将二维的计算机屏幕图像感知为三维图像。

2. 3D 基本功能

Photoshop 支持多种格式的 3D 文件，例如 U3D、3DS、DAE、KMZ、OBJ。可以打开和处理由 Adobe Acrobat 3D 8、Maya、Alias 等程序创建的 3D 文件。在 Photoshop CS5 中，可以使用 3D 功能对已有 3D 模型进行操控，进行 3D 纹理编辑、3D 模型的绘制、3D 对象的创建、3D 模型的渲染以及 3D 模型的存储。

1）3D 对象和相机工具

（1）3D 对象工具：可以用来修改 3D 模型的位置或大小。用【3D 对象工具】来旋转、缩放模型或调整模型位置。当操作 3D 模型时，相机视图保持固定。【3D 对象工具】属性栏如图 10-1 所示。

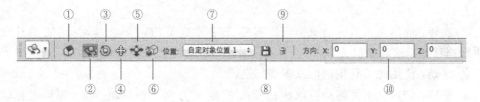

图 10-1 【3D 对象工具】属性栏

【3D 对象工具】属性栏说明如下。

① 返回到初始对象位置：单击此按钮，可以将视图恢复为文档打开时的状态。

② 旋转：使用此工具上下拖动，可以使模型围绕其 X 轴旋转；两侧拖动可以绕其 Y 轴旋转；按住 Alt 键同时拖动，则可以滚动模型。

③ 滚动：使用此工具在两侧拖动可以使模型围绕 Z 轴旋转。

④ 平移：使用此工具在两侧拖动可以沿水平方向移动模型；上下拖动可沿垂直方向移动模型；按住 Alt 键同时拖动可沿 X/Z 轴方向移动。

⑤ 滑动：使用此工具在两侧拖动可沿水平方向移动模型；上下拖动可将模型移近或移远；按住 Alt 键同时拖动可沿 X/Z 轴方向移动。

⑥ 缩放：使用此工具上下拖动可放大或缩小模型；按住 Alt 键的同时拖动可沿 Z 轴

方向缩放。

⑦ 位置菜单：在此下拉菜单中可以选择一个预设位置。单击 按钮，可以将模型的当前位置保存为预设的视图，可在【位置】下拉菜单中选择该视图，包括"左视图""仰视图""后视图"等。如果要根据数字精确定义模型的位置、旋转和缩放，可在选项栏右侧的文本框中输入数值。

⑧ 保存当前位置。

⑨ 删除当前位置。

⑩ 位置坐标。

提示：按住 Shift 键进行拖动，可以将旋转、平移、滑动或缩放工具限制为单一方向运动。

(2) 3D 相机工具。使用【3D 相机工具】可以移动相机视图，同时保持 3D 对象的位置不变。【3D 相机工具】属性栏如图 10-2 所示。

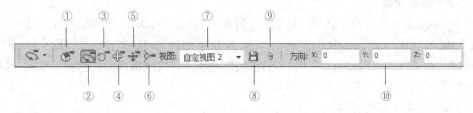

图 10-2　【3D 相机工具】属性栏

【3D 相机工具】属性栏说明如下。

① 返回到初始相机位置：按下此按钮可以将相机视图恢复初始位置，即打开文档时的状态。

② 旋转：使用此工具拖动鼠标可以将相机沿 X 或 Y 方向环绕移动；按住 Ctrl 键同时进行拖移可以滚动相机。

③ 滚动：使用此工具拖动可以滚动相机。

④ 平移：使用此工具拖动可以将相机沿 X 或 Y 方向平移；按住 Ctrl 键同时拖动可沿 Z 或 X 方向平移。

⑤ 步览：使用此工具拖动可以步进相机（Z 转换和 Y 旋转）；按住 Ctrl 键同时拖动可沿 Z/X 方向步览（Z 平移和 X 旋转）。

⑥ 缩放：使用此工具拖动可以更改 3D 相机的视角，最大视角为 180°。

⑦ 视图菜单：在此下拉菜单中，可以选择一个预设的视图。如果单击 按钮，则可以将相机的当前位置保存为预设的视图，可在下拉菜单中选择该视图。如果要根据数字精确定义相机位置，可在右侧的文本框中输入 3D 相机在 X、Y 和 Z 轴上的位置。

⑧ 保存当前相机视图。

⑨ 删除当前相机视图。

⑩ 相机位置坐标。

2）3D 轴

显示 3D 轴以后，将光标放在 3D 轴的不同位置，单击并拖动鼠标即可移动、旋转和缩放 3D 对象。3D 轴如图 10-3 所示。

【3D 轴工具】说明如下。

① 选定工具。

② 使用 3D 轴最大化或最小化。

③ 沿轴移动项目：如果要沿着 X、Y 或 Z 轴移动模型，可将光标放在任意轴的锥尖上，然后向相应的方向拖动。

④ 旋转项目：如果要旋转模型，可单击轴尖内弯曲的旋转线段，此时会出现旋转平面的黄色圆环，围绕 3D 轴中心沿顺时针或逆时针方向拖动圆环即可旋转模型。要进行幅度更大的旋转，可将鼠标向远离 3D 轴的方向移动。

⑤ 压缩或拉长项目：如果要沿轴压扁或拉长模型，可将此彩色的变形立方体朝中心立方体拖动，或向远离中心立方体的位置拖动。

⑥ 调整项目大小：如果要调整模型的大小，可向上或向下拖动 3D 轴中的中心立方体。

提示：如果要将移动限制在对象平面，可将光标放在两个轴交叉的区域，两个轴之间会出现一个黄色的平面图标，此时向任意方向拖动即可。

3）3D 场景设置

选择 3D 图层后，3D 面板中会显示与之相关的 3D 文件组件，面板顶部列出了文件中的网格、材料和光源，面板底部显示了在面板顶部选择的 3D 组件的相关选项。3D 面板【场景】设置如图 10-4 所示。

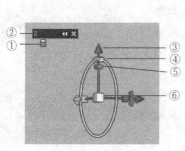

图 10-3　3D 轴

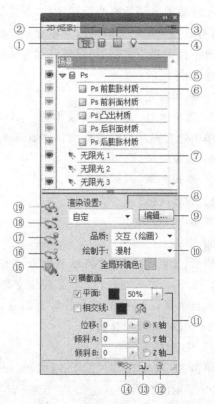

图 10-4　3D 面板【场景】设置

3D 面板【场景】设置说明如下。
① 场景按钮。
② 网格按钮。
③ 材料按钮。
④ 光源按钮。
⑤ 网格。
⑥ 材料。
⑦ 光源。
⑧、⑨渲染设置：可在下拉列表中指定模型的渲染预设，如果要自定选项，可单击【编辑】按钮。

- 品质：用来设置 3D 模型的显示品质。品质越高，屏幕的刷新速度越慢。
- 绘制于：直接在 3D 模型上绘画时，可使用该菜单选择要在其上绘制的纹理映射。
- 全局环境色：设置在反射表面上可见的全局环境光的颜色。该颜色与用于特定材料的环境色相互作用。

⑩ 选择要在上面绘画的纹理。
⑪ 横截面设置：选择【横截面】选项后，可以创建所选角度与模型相交的平面横截面。这样，可以切入模型内部，查看里面的内容。此时，下面的选项可以使用。选择"平面"，可显示创建横截面的相交平面，并设置平面颜色和不透明度；选择"相交线"，会以高亮显示横截面平面相交的模型区域，单击颜色块可以选择高光颜色；按下【翻转横截面】按钮，可将模型的显示区域更改为相交平面的反面；"位移"设置可沿平面的轴移动平面，而不更改平面的斜度；"倾斜"设置可以将平面朝其任一可能的倾斜方向旋转至 360°。

⑫ 删除光源。
⑬ 添加新光源。
⑭ 切换地面：地面是反映相对于 3D 模型的地面位置的网格，单击该按钮，可以在下拉菜单中选择显示或隐藏地面、3D 轴、3D 光源等。
⑮ 拖放材质。
⑯ 旋转光源。
⑰ 旋转网格。
⑱ 旋转相机。
⑲ 旋转工具。

提示：【光线跟踪】渲染过程中会临时在图像上绘制拼贴。要中断渲染过程，请单击或按空格键。要更改拼贴的次数以牺牲处理速度来获得高品质，请更改【3D 首选项】中的【高品质阈值】。

4）3D 网格设置

单击 3D 面板顶部的【网格】按钮，面板中会显示如图 10-5 所示的选项。

【3D（网格）】设置说明如下。

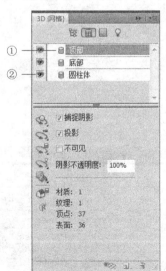

图 10-5　【3D（网格）】设置

① 当前选择的网格：3D 模型中的每个网格都会出现在 3D 面板顶部的单独线条上，单击一个网格时，在面板底部显示网格信息，包括应用于网格的材料和纹理数量，以及其中所包含的顶点和表面的数量。

② 显示/隐藏网格：单击网格名称旁边的眼睛图标可以显示或隐藏网格。

- 捕捉阴影：在"光线跟踪"渲染模式下，控制选定的网格是否在其他网格表面产生投影。但必须设置光源才能产生阴影。
- 不可见：隐藏网格，但显示其表面的所有阴影。
- 阴影不透明度：设置阴影的透明度。

5）3D 材质设置

单击 3D 面板顶部的【材质】按钮，面板中会列出 3D 文件中使用的材质，如图 10-6 所示。如果模型包含多个网格，则每个网格可能会有与之关联的特定材料。

【3D(材质)】设置说明如下。

① 当前选择的材质：单击一个材质名称，面板底部会显示该材质所使用的特定纹理映射。某纹理映射(如"漫射"和"凹凸")，通常依赖于 2D 文件来提供创建纹理的特定颜色或图案。材质所使用的 2D 纹理映射也会作为"纹理"出现在【图层】面板中。

② 材质选取器。

③ 材质拖放和选择工具。

④ 纹理映射类型。

⑤ 纹理映射菜单图标：单击该图标，可以打开一个下拉菜单，我们可以选择菜单中的命令来创建、载入、打开、移去或编辑纹理映射的属性。

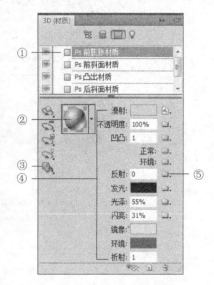

图 10-6 【3D(材质)】设置

- 漫射：材质的颜色，它可以是实色或任意的 2D 内容。如果移去漫射纹理映射，则【漫射】色板值会设置漫射颜色，还可以通过直接在模型上绘画来创建漫射映射。
- 不透明度：用来增加或减少材质的不透明度。
- 凹凸：通过灰度图像在材质表面创建凹凸效果，而并不实际修改网格。灰度图像中较亮的值可创建突出的表面区域，较暗的值可创建平坦的表面区域。可以创建或载入凹凸映射文件，或开始在模型上绘画自动创建凹凸映射文件。
- 正常：像凹凸映射纹理一样，正常映射会增加表面细节。
- 环境：设置在反射表面上可见的环境光的颜色。该颜色与用于整个场景的全局环境色相互作用。
- 反射：设置反射率，当两种反射率不同的介质(如空气和水)相交时的光线方向发生改变，即产生反射。新材料的默认值是 1.0(空气的近似值)。
- 发光：定义不依赖于光照即可显示的颜色，可创建从内部照亮 3D 对象的效果。
- 光泽：定义来自光源的光线经表面反射，折回到人眼中的光线数量。

- 闪亮：定义【光泽度】设置所产生的反射光的散射。低反光度（高散射）产生更明显的光照，而焦点不足；高反光度（低散射）产生较不明显、更亮、更耀眼的高光。
- 镜像：可以为镜面属性设置显示的颜色，例如，高光泽度和反光度。
- 环境：可存储 3D 模型周围环境的图像。环境映射会作为球面全景来应用，可以在模型的反射区域中看到环境映射的内容。
- 折射：可增加 3D 场景、环境映射和材质表面上其他对象的反射。

6）3D 光源设置

3D 光源从不同角度照亮模型，我们可以通过创建 3D 光源调整 3D 光源属性、3D 光源位置来获得更逼真的光线深度和阴影。【3D(光源)】属性窗口如图 10-7 所示。

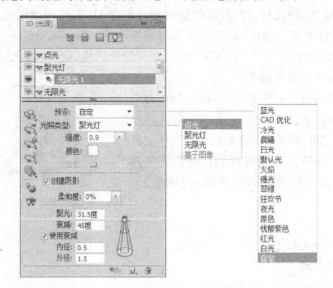

图 10-7　【3D(光源)】属性设置

【3D(光源)】设置说明如下。
- 预设：可在下拉列表中选择光照样式。
- 光照类型：可在下拉列表中选择光照类型，包括点光、聚光灯、无限光和基于图像。"点光"显示为小球，"聚光灯"显示为锥形，"无限光"显示为直线。
- 强度/颜色：选择列表中的光源后，可调整它的亮度，单击颜色框，可打开【拾色器】设置光源的颜色。
- 创建阴影：创建从前景表面到背景表面、从单一网格到其自身或从一个网格到另一个网格的投影。取消选择时可稍微改变性能。
- 柔和度：可以模糊阴影边缘，产生逐渐的衰减。
- 聚光：（仅聚光灯）设置光源明亮中心的宽度。
- 衰减：（仅聚光灯）设置光源的外部宽度。
- 使用衰减：【内径】和【外径】选项决定衰减锥形，以及光源强度随对象距离的增加而减弱的速度。对象接近【内径】限制时，光源强度最大；对象接近【外径】限制时，光源强度为零；处于中间距离时，光源从最大强度线性衰减为零。如果将光标放在【聚光】、【衰减】、【内径】和【外径】选项上,右侧图标中的红色轮廓会指示受影响的光源元素。

提示:将鼠标指针悬停在【聚光】、【衰减】、【内径】和【外径】选项上。右侧图标中的红色轮廓指示受影响的光源元素。

3. 3D 应用

(1) 3D 纹理编辑

使用 Photoshop 可以编辑 3D 文件中包含的纹理或创建新纹理。纹理作为 2D 文件与 3D 模型一起导入。它们会作为条目显示在【图层】面板中,嵌套于 3D 图层下方,并按以下映射类型编组:散射、凹凸、光泽度等。

在 Photoshop 中编辑 3D 纹理,纹理会作为【智能对象】以 2D 格式在独立的文档窗口中打开。

① 创建 UV 叠加。3D 模型上多种材质所使用的漫射纹理文件可将用于模型上不同表面的多个内容区域编组。这个过程叫作 UV 映射,它将 2D 纹理映射中的坐标与 3D 模型上的特定坐标相匹配。UV 映射使 2D 纹理可正确地绘制在 3D 模型上。

对于在 Photoshop 外创建的 3D 内容,UV 映射发生在创建内容的过程中。然而,Photoshop 可以将 UV 叠加创建为参考线,直观地了解 2D 纹理映射如何与 3D 模型表面匹配。在编辑纹理时,这些叠加线可作为参考线。

第 1 步:双击【图层】面板中的纹理以打开纹理进行编辑。

第 2 步:选取【3D】|【创建 UV 叠加】菜单项,然后分别选择【线框】、【着色】、【正常】选项。

- 线框:显示 UV 映射的边缘数据。
- 着色:显示使用拾色渲染模式的模型区域。
- 正常:映射显示转换为 RGB 值的几何常值,R=X、G=Y、B=Z。

UV 叠加作为附加图层添加到纹理文件的【图层】面板中。可以显示、隐藏、移动或删除 UV 叠加。关闭并存储纹理文件时或从纹理文件切换到关联的 3D 图层(纹理文件自动存储)时,叠加会出现在模型表面。

② 重新参数化纹理映射打开 3D 模型文件,如果发现其纹理未正确映射到底层模型的网格,原因在于效果较差的纹理映射会在模型表面外观中产生明显的曲面,如多余的接缝、纹理图案中的拉伸或挤压区域。直接在模型上绘画时,效果较差的纹理映射还会造成不可预料的结果。

要检查纹理参数化情况,先打开要编辑的纹理,然后应用 UV 叠加以查看纹理是如何与模型表面对齐的。

使用【重新参数化】命令可将纹理重新映射到模型,以矫正扭曲并创建更有效的表面覆盖。

- 打开一个 3D 模型文件,并选择包含模型的图层。
- 选择【3D】|【重新参数化 UV】菜单项,Photoshop 会通知您正在将纹理重新应用于模型,单击【确定】按钮。
- 在弹出的窗口中选择【低扭曲度】使纹理图案保持不变,但会在模型表面产生较多接缝。选择【较少接缝】会使模型上出现接缝数量最小化。这会产生更多的纹理拉伸或挤压,具体情况取决于模型。
- 如果选取的【重新参数化】选项没有创建最佳表面覆盖,执行【编辑】|【还原】命令,然后尝试其他选项。还可以使用【重新参数化】命令改进从 2D 图层创建 3D 模型时产生的默认纹理映射。

③ 创建重复纹理的拼贴。重复纹理由网格图案中完全相同的拼贴构成。重复纹理可以提供更逼真的模型表面覆盖、使用更少的存储空间,并且可以改善渲染性能。可将任意 2D 文件转换成拼贴绘画。在预览多个拼贴如何在绘画中相互作用之后,可存储一个拼贴以作为重复纹理。

(2) 3D 模型绘画
- 在 Photoshop 中可以使用任何绘画工具直接在 3D 模型上绘画,使用选择工具将特定的模型区域设为目标,或让 Photoshop 识别并高亮显示可绘画的区域。使用 3D 菜单命令可清除模型区域,从而访问内部或隐藏的部分,以便进行绘画。对于内部包含的隐藏区域,或者结构复杂的模型,可以使用任意选择工具在 3D 模型上创建选区,限定要绘画的区域,然后从 3D 菜单中选择一个命令,将其他部分隐藏。
- 隐藏最近的表面:只隐藏 2D 选区内的模型多边形的第一个图层。
- 仅隐藏封闭的多边形:选择该命令后,【隐藏最近的表面】命令只会影响完全包含在选区内的多边形。取消选择,将隐藏选区所接触到的所有多边形。
- 反转可见表面:使当前可见表面不可见,不可见表面可见。
- 显示所有表面:使所有隐藏的表面再次可见。

(3) 标识可绘画区域

由于模型视图不能提供与 2D 纹理之间一一对应的关系,所以直接在模型上绘画与直接在 2D 纹理映射上绘画是不同的,因此,只观看 3D 模型,无法明确判断是否可以成功地在某些区域绘画。执行【3D】|【选择可绘画区域】命令,可以选择模型上可以绘画的最佳区域。

(4) 设置绘画衰减角度

在模型上绘画时,绘画衰减角度控制表面在偏离正面视图弯曲时的油彩使用量。执行【3D】|【绘画衰减】命令,打开【3D 绘画衰减】对话框。
- 最大角度:最大绘画衰减角度在 0°~90°之间。0°时,绘画仅应用于正对前方的表面,没有减弱角度;90°时,绘画可沿弯曲的表面(如球面)延伸至其可见边缘。
- 最小角度:最小衰减角度设置绘画随着接近最大衰减角度而渐隐的范围。例如,如果最大衰减角度是 45°,最小衰减角度是 30°,那么在 30°和 45°的衰减角度之间,绘画不透明度将会从 100 减小到 0。

(5) 创建 3D 体积

使用 Photoshop Extended 可以打开和处理医学上的 DICOM 图(.dc3、.dcm、.dic 或无扩展名)文件,并根据文件中的帧生成三维模型。

使用【文件】|【打开】命令可以打开一个 DICOM 文件,Photoshop 会读取文件中所有

的帧,并将他们转换为图层。选择要转换为 3D 体积的图层以后,执行【3D】|【从图层新建体积】命令,就可以创建 DICOM 帧的 3D 体积。我们可以使用 Photoshop 的 3D 位置工具从任意角度查看 3D 体积,或更改渲染设置以更直观地查看数据。

(6) 存储和导出 3D 文件

在 Photoshop 中编辑 3D 对象时,可以栅格化 3D 图层、将其转换为智能对象,或者与 2D 图层合并,也可以将 3D 图层导出。

- 存储 3D 文件:编辑 3D 文件后,如果要保留文件中的 3D 内容,包括位置、光源、渲染模式和横截面,可执行【文件】|【存储】命令,选择 PSD、PDF 或 TIFF 作为保存格式。
- 导出 3D 图层:在【图层】面板中选择要导出的 3D 图层,执行【3D】|【导出 3D 图层】命令,打开【存储为】对话框,在【格式】下拉列表中可以选择将文件导出为 Collada DAE、Wavefront/OBJ、U3D 和 Google Earth 4 KNZ 格式。
- 合并 3D 图层:执行【3D】|【合并 3D 图层】命令可以合并一个场景中的多个 3D 模型,合并后,可以单独处理每一个模型,或者同时在所有模型上使用位置工具和相机工具。
- 合并 3D 图层和 2D 图层:打开一个 2D 文档,执行【3D】|【从 3D 文件新建图层】命令,在打开的对话框中选择一个 3D 文件,并将其打开,即可将 3D 与 2D 文件合并。

提示:如果同时打开了一个 2D 文件和一个 3D 文件,则可以直接将一个图层拖入另一个文件中。

- 栅格化 3D 图层:在【图层】面板中选择 3D 图层,执行【图层】|【栅格化】|【3D】命令,可以将 3D 图层转换为普通的 2D 图层。
- 将 3D 图层转换为智能对象:在【图层】面板中选择 3D 图层,在面板菜单中选择【转换为智能对象】命令,可以将 3D 图层转换为智能对象。转换后可保留 3D 图层中的 3D 信息,我们可以对它应用智能滤镜,双击智能对象图层可重新编辑原来的 3D 内容。
- 联机浏览 3D 内容:执行【3D】|【联机浏览更多内容】命令,可连接到 Adobe 网站浏览与 3D 有关的内容,下载 3D 插件。

(7) 3D 模型渲染

执行【3D 渲染设置】命令,打开【3D 渲染设置】对话框,在对话框中可以指定如何绘制 3D 模型。如果指定每一半横截面的唯一设置,可单击横截面按钮。设置选项后,如果要将其保存为自定义的预设,可单击"存储"按钮,需要使用时,可在【预设】下拉列表中选择,如果要删除自定预设,则单击"删除"按钮。

- 渲染设置。单击【3D 渲染设置】对话框左侧的复选框,启用【表面样式】、【体积样式】或【立体类型】渲染,如图 10-8 所示,然后可以调整以下选项。
- 选择渲染预设。【预设】选项下拉列表中包含了各种渲染预设。标准渲染预设为"实色",即显示模型的可见表面。"线框"和"顶点"预设会显示底层结构。要是合并实色和线框渲染可选择"实色线框"预设。要以反映其最外侧尺寸的简单框来查看模型,可选择"外框"预设。

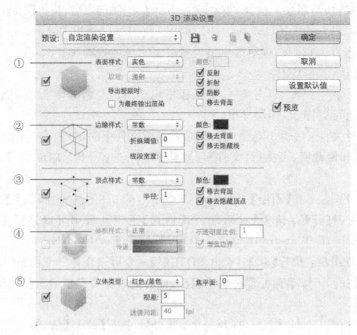

图 10-8 【3D 渲染设置】

① 【表面样式】选项设置。

【表面样式】选项决定了如何显示模型的表面,可选择以何种方式绘制表面。选择"实色",可使用 OpenGL 显卡上的 GPU 绘制没有阴影或反射的表面;选择"光线跟着",可使用计算机主板上的 CPU 绘制具有阴影、反射和折射的表面;选择"未照亮的纹理",绘制没有光照的表面,而不仅仅显示选中的【纹理】选项;选择"平滑",可对表面的所有顶点应用相同的表面标准,创建刻面外观;选择"常数",用当前指定的颜色替换纹理;选择"外框",可显示反映每个组件最外侧尺寸的对话框;选择"正常",以不同的 RGB 颜色显示表面标准的 X、Y 和 Z 组件;选择"深度映射",可显示灰度模式,使用明度显示深度;选择"绘画蒙版",可绘制区域将以白色显示,过度取样的区域以红色显示。

- 纹理:当【表面样式】设置为"未照亮的纹理"时,可指定纹理映射。
- 最终输出渲染:对于已导出的视频动画,可产生更平滑的阴影和逼真的颜色出血(来自反射的对象和环境),但需要较长的处理时间。
- 颜色:如果要调整表面的颜色,可单击颜色块。如果要调整边缘或顶点颜色,可单击相应选项中的颜色块。
- 反射/折射/阴影:可显示或隐藏这些光线跟踪特定的功能。
- 移去背面:隐藏双面组件背面的表面。

② 【边缘样式】选项设置。

【边缘样式】选项决定了线框线条的显示方式。

- 边缘样式设置:反映用于以上【表面样式】的"常数""平滑""实色"和"外框"选项。
- 折痕阈值:当模型中的两个多边形在某个特定角度相接时,会形成一条折痕或线,该选项可调整模型中的结构线条数量。如果边缘在小于该值设置(0~180°)

的某个角度相接,则会移去它们形成的线。若设置为 0,则显示整个线框。
- 线段宽度：指定宽度(以像素为单位)。
- 移去背面：隐藏双面组件背面的边缘。
- 移去隐藏线：移去与前景线重叠的线条。

③【顶点样式】选项设置。

【顶点样式】选项用于调整顶点的外观,即组成线框模型的多边形相交点。
- 顶点样式：反映用于以上【表面样式】的"常数""平滑""实色"和"外框"选项。
- 半径：决定每个顶点的像素半径。
- 移去背面：隐藏双面组件背面的顶点。
- 移去隐藏顶点：移去与前景顶点重叠的顶点。

④【体积样式】选项设置。

【体积样式】选项用于 DICPM 图像的体积设置。
- 体积样式：可选择一种体积样式,在不同的渲染模式下查看 3D 体积。
- 传递/不透明度比例：使用传递函数的渲染模式,使用 Photoshop 渐变来渲染体积中的值。渐变颜色和不透明度值与体积中的灰度值合并,以优化或高度显示不同类型的内容。传递函数渲染模型只适用于灰度 DICOM 图像。
- 增强边界：保持边界不透明度的同时,降低同质区域的不透明度。

⑤【立体类型】选项设置。

【立体类型】选项用于调整图像的设置,该图像将透过红蓝色玻璃查看,或打印成包括透镜镜头的对象。
- 立体类型：可以为通过彩色玻璃查看的图像指定"红色/蓝色",或为透镜打印指定"垂直交错"。
- 视差：调整两个立体相机之间的距离。较高的设置会增大三维深度,减小景深,使焦点平面前后的物体呈现在焦点之外。
- 透镜间距：对于垂直交错的图像,指定【透镜镜头】每英寸包含多少线条数。
- 焦平面：确定相对于模型外框中心的焦平面的位置。输入负值可将平面向前移动,输入正值可将其向后移动。

注意：

① 连续渲染选项：3D 模型的结构、灯光和贴图越复杂,渲染时间越长。为了提高工作效率,我们可以只渲染模型的局部,从中判断整个模型的最终效果,以便为修改提供参考。使用选框工具在模型上创建一个选区,执行【3D 连续渲染选区】命令,即可渲染选中的内容。

② 恢复连续渲染：在渲染 3D 模型时,如果进行了其他操作,就会中断渲染,执行【恢复连续渲染】命令可以重新恢复渲染 3D 模型。

③ 地面阴影捕捉器：单击 3D 面板中的【场景】按钮,显示【场景】选项,在【场景】下拉列表中选择【光线跟踪最终效果】以后,可执行【3D】|【地面阴影捕捉器】命令,捕捉模型投射在地面上的阴影。移动 3D 对象以后,执行【3D】|【将对象紧贴地面】命令,可以使其紧贴在 3D 地面上。

10.2.2 动画的基本概念与制作

Photoshop CS5 Extended 可以编辑视频的各个帧和图像序列文件，包括使用任意 Photoshop 工具在视频上进行编辑和绘制，应用滤镜、蒙版、变换、图层样式和混合模式。进行编辑之后，可以将文档存储为.psd 文件（该文件可以在其他类似于 Premiere Pro 和 After Effects 这样的 Adobe 应用程序中播放，或在其他应用程序中作为静态文件访问），也可以将文档作为 QuickTime 影片或图像序列进行渲染。

1. 基本概念

1）视频功能

在 Photoshop CS5 Extended 中打开视频文件或图像序列时，会自动创建视频图层。可以使用【画笔工具】和【图章工具】在视频文件的各个帧上进行绘制和仿制，也可以创建选区或应用蒙版以限定对帧的特定区域进行编辑。此外，还可以像编辑常规图层一样调整混合模式、不透明度、位置和图层样式。也可以在【图层】面板中为视频图层分组，或者将颜色和色调调整应用于视频图层。视频图层参考的是原始文件，因此，对视频图层进行的编辑不会改变原始视频或图像序列文件。

执行【窗口】|【动画】命令，打开【动画】面板，单击【转换为时间轴动画】按钮，切换为【时间轴】模式状态。时间轴模式显示了文档图层的帧持续时间和动画属性。使用面板底部的工具可浏览各个帧，放大或缩小时间显示，切换洋葱皮模式，删除关键帧和预览视频。可以使用时间轴上自身的控件调整图层的帧持续时间、设置图层属性的关键帧并将视频的某一部分指定为工作区域。

时间轴模式【动画】面板如图 10-9 所示。

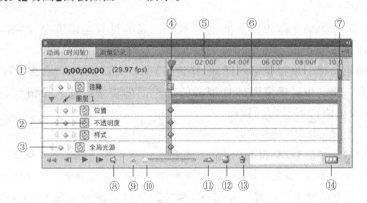

图 10-9 时间轴模式【动画】面板

时间轴模式【动画】面板说明如下。

① 时间码或帧号显示：显示当前帧的时间码或帧号（取决于面板选项）。

注释轨道：从【面板】菜单中选择【编辑时间轴注释】，可以在当前处插入注释。注释在轨道中显示为图标，并当光标移动到图标上方时作为工具提示出现。

② 时间-变化秒表：启用或停用图层属性的关键帧设置。选择此选项可插入关键帧并启用图层属性的关键帧设置。取消选择可移去所有关键帧并停用图层属性的关键帧

设置。

③ 关键帧导航器：轨道标签左侧的箭头按钮用于将当前时间指示器从当前位置移动到上一个或下一个关键帧。单击中间的按钮可添加或删除当前时间的关键帧。

④ 当前时间显示器：拖动当前时间显示器或更改。

全局光源轨道：显示要在其中设置和更改的图层效果，如投影、内阴影以及斜面和浮雕的主光照角度的关键帧。

⑤ 时间标尺：根据文档的持续时间和帧速率，水平测量持续时间（或帧计数）。

工作区域指示器：拖动位于顶部轨道任一端的蓝色标签，可标记要预览或导出的动画或视频的特定部分。

⑥ 图层持续时间条：指定图层在视频或动画中的时间位置。要将图层移动到其他时间位置，可拖动该条。要裁剪图层（调整图层的持续时间），可拖动该条的任一端。

⑦ 工作区域指示器：拖动位于顶部轨道任一端的蓝色标签，可标记要预览或导出的动画或视频的特定部分。

⑧ 启用音频播放。

⑨ 缩小。

⑩ 缩放滑块。

⑪ 放大。

已改变的视频轨道：对于视频图层，为已改变的每个帧显示一个关键帧图标。要跳转到已改变的帧，应使用轨道标签左侧的关键帧导航器。

⑫ 切换洋葱皮：按下该按钮可切换到【洋葱皮】模式。【洋葱皮】模式将显示在当前帧上绘制的内容以及在周围帧上绘制的内容。这些附加描边将以指定的不透明度显示，以便与当前帧上的描边区分开。因为该模式可以为我们提供描边位置的参考点。

⑬ 删除关键帧。

⑭ 转换为帧动画：单击该按钮，可以将【动画】面板切换为【帧动画】模式。

注：在【时间轴】模式状态下，【动画】面板将显示文档中的每个图层，除背景图层之外，只要在【图层】面板中添加、删除、重命名、分组、复制图层或为图层分配颜色，就会在该面板中更新。

2) 动画功能

（1）动画是在一段时间内显示的一系列图像或帧，当每一帧较前一帧都有轻微变化时，连续、快速地显示这些帧就会产生运动或其他变化的视觉效果。

（2）帧模式【动画】面板：打开【动画】面板，如果面板为【时间轴】模式，可单击 ▦ 按钮，切换为【帧】模式。【动画】面板会显示动画中的每个帧的缩览图，使用面板底部的工具可浏览各个帧，设置循环选项，添加和删除帧以及预览动画如图10-10所示。

① 当前帧：当前选择的帧。

② 帧延迟时间：设置帧在回放过程中的持续时间。

③ 循环选项：设置动画在作为动画GIF文件时的播放次数。

④ 选择第一帧：单击该按钮，可选择序列中的第一帧作为当前帧。

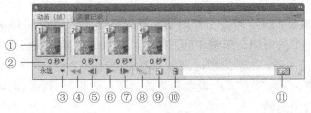

图 10-10 【动画】面板

⑤ 选择上一帧：单击该按钮，可选择当前帧的前一帧。
⑥ 播放动画：单击该按钮，可在窗口中播放动画，再次单击则停止播放。
⑦ 选择下一帧：单击该按钮，可选择当前帧的下一帧。
⑧ 过渡动画帧：如果要在两个现有帧之间添加一系列帧，并让新帧之间的图层属性均匀变化，可单击该按钮，打开【过渡】对话框来设置，如图 10-11 所示，图 10-12、图 10-13 为添加帧前后的面板状态。

图 10-11 【过渡】对话框

图 10-12 添加帧前

图 10-13 添加帧后

⑨ 复制所选帧：单击该按钮，可向面板中添加帧。
⑩ 删除所选帧：可删除所选帧。
⑪ 转换为时间轴动画。

2. 创建与编辑视频图层

在 Photoshop CS5 Extended 中，可以打开多种 QuickTime 视频格式的文件，包括 MPEG-1、MPEG-4、MOV 和 AVI；如果计算机上安装了 Adobe Flash 8，则可支持 QuickTime 的 FLV 格式；如果安装了 MPEG-2 编码器，可以支持 MPEG-2 格式。打开视频文件以后，即可对其进行编辑。

(1) 创建视频图层

- 创建视频图像：执行【文件】|【新建】命令，打开【新建】对话框，在【预设】下拉列表中选择"胶片和视频"，然后在【大小】下拉列表中选择一个文件大小选项，即可创建一个空白的视频图像文件。
- 新建视频图层：打开一个文件，执行【图层】|【视频图层】|【新建空白视频图层】命

令，可以新建一个空白的视频图层。
- 打开视频文件：执行【文件】|【打开】命令，选择一个视频文件，然后单击【打开】按钮可将其打开。
- 导入视频文件：执行【图层】|【视频图层】|【文件新建视频图层】命令，可以将视频导入到打开的文档中。

（2）将视频帧导入图层

执行【文件】|【导入】|【视频帧到图层】命令，打开【载入】对话框，选择一个视频文件。

单击【载入】按钮，打开【将视频导入图层】对话框，选择【仅限所选范围】选项，然后按住 Shift 键拖动时间块，设置导入的帧范围，如果要导入所有帧，可以选择【从开始到结束】选项。

单击【确定】按钮，即可将指定范围内的视频帧导入为图层。

注：要在 Photoshop CS5 Extended 中处理视频，必须在计算机上安装 QuickTime 7.1（或更高版本）。可以从 Apple Computer 网站上免费下载 QuickTime。

（3）插入、复制和删除空白视频帧

创建空白视频图层以后，可在【动画】面板中选择它，然后将当前时间指示器拖动到所需帧处，执行【图层】|【视频图层】|【插入空白帧】命令，即可在当前时间处插入空白视频帧；执行【图层】|【视频图层】|【删除帧】命令，则会删除当前时间处的视频帧；执行【图层】|【视频图层】|【复制帧】命令，可以添加一个处于当前时间的视频帧的副本。

（4）进行像素长宽比校正

计算机显示器上的图像是由方形像素组成的，而视频编码设备则是由非方向像素组成的，这就导致在两者之间交换图像时会由于像素的不一致而造成图像扭曲。执行【视图】|【像素长宽比校正】命令可以校正图像。这样我们就可以在显示器的屏幕上准确地查看 DV 和 D1 视频格式文件，就像是在 Premiere 等视频软件中查看文件一样。

注：打开文档以后，可以在【视图】|【像素长宽比】下拉菜单中选择可用于 Photoshop 文件的视频格式兼容的像素长宽比，然后再执行【视图】|【像素长宽比校正】命令进行校正。

（5）解释视频素材

如果我们使用了包含 Alpha 通道，以便获得所需结果。在【动画】面板或【图层】面板中选择视频图层，执行【图层】|【视频图层】|【解释素材】命令，打开【解释素材】对话框。

- Alpha 通道：当视频素材包含 Alpha 通道时，选择【忽略】，表示忽略 Alpha 通道解释为直接 Alpha 透明度；选择【预先正片叠加-杂边】，表示使用 Alpha 通道来确定有多少杂边颜色与颜色通道混合。
- 帧速率：以指定每秒播放的视频帧数。
- 颜色配置文件：可以选择一个配置文件，对视频图层中的帧或图像进行色彩管理。

注：如果在不同的应用程序中修改了视频图层的源文件，则需要在 Photoshop Extended 中执行【图层】|【视频图层】|【重新载入帧】命令，在【动画】面板中重新载入和更新当前帧。

(6) 在视频图层中替换素材

如果由于某些原因导致视频图层和源文件之间的链接断开，【图层】面板中的视频图层上就会显示出一个警告图标。出现这种情况时，可在【动画】或【图层】面板中选择要重新链接到源文件或替换内容的视频图层，执行【图层】|【视频图层】|【替换素材】命令，在打开的【替换素材】对话框中选择视频或图像序列文件，单击【打开】按钮重新尽力链接。

注：【替换素材】命令还可以将视频图层中的视频或图像序列帧替换为不同的视频或图像序列源中的帧。

(7) 在视频图层中恢复帧

如果要放弃对帧视频图层和空白视频图层所做的修改，可在【动画】面板中选择视频图层，然后将当前时间指示器移动到特定的视频帧上，再执行【图层】|【视频图层】|【恢复帧】命令恢复特定的帧。如果要恢复视频图层或空白视频图层中的所有帧，则可以执行【图层】|【视频图层】|【恢复所有帧】命令。

(8) 保存视频文件

对视频文件进行了编辑之后，可以执行【文件】|【导出】|【渲染视频】命令，将视频存储为 QuickTime 影片。如果还没有对视频进行渲染更新，则最好使用【文件】|【存储】命令，将文件存储为 PSD 格式，因为该格式可以保留我们所做的编辑，并且该文件可以在其他类似于 Premiere Por 和 After Effects 这样的 Adobe 应用程序中播放，或在其他应用程序中作为静态文件。

注：执行【图层】|【视频图层】|【栅格化】命令，可以栅格化视频图层。

(9) 导出视频预览

如果将显示设备(如视频显示器)通过 FireWire 连接到计算机上，我们就可以在该设备上预览文档。如果要在预览之前设置输出选项，可执行【文件】|【导出】|【视频预览】命令。如果想要在视频设备上查看文档，但不想设置输出选项，可执行【文件】|【导出】|【将视频预览发送到设备】命令进行操作。

(10) 渲染视频

执行【文件】|【导出】|【渲染视频】命令，可以将视频导出为 QuickTime 影片。在 Photoshop CS5 Extended 中，还可以将时间轴动画与视频图层一起导出。

10.3 任务实施步骤

10.3.1 任务1的实施："立体字效果图"的制作步骤

设计目标

本案例模拟使用 3D 功能，使文字产生立体效果，图片构图饱满，立体效果明显，有一定的纵深感。主要掌握 Photoshop 中 3D 功能的基础操作和基本样式的制作方法。

设计思路

- 使用【文字工具】输入直排文字。
- 使用 3D 功能建立立体效果。
- 使用 3D 面板调整立体效果。

设计效果

设计效果图如【二维码 10-1】所示。

操作步骤

第 1 步：按 Ctrl+O 组合键打开名为"背景"的文件，如图 10-14 所示。

第 2 步：使用【横排文字工具】 T 输入文字"PS"，如图 10-15 所示。设置文字属性，如图 10-16 所示的【文字工具】属性栏。设置字体颜色 RGB(R：10,G：215,B：228)。

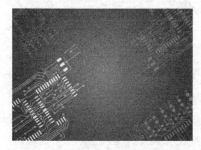
图 10-14 打开"背景"

图 10-15 输入文字

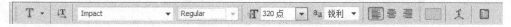
图 10-16 【文字工具】属性栏

第 3 步：执行【3D】|【凸纹】|【文本图层】命令，在弹出的提示对话框中单击【是】按钮，将文本栅格化，如图 10-17 所示。在弹出的【凸纹】对话框中设置【凸纹形状预设】为【斜面】,【凸出】深度为 3,选择【切变】并设置 X 轴角度为—10,如图 10-18 所示凸纹,单击【确定】按钮,文字产生立体效果,如图 10-19 所示文本。

图 10-17 文字栅格化

第 4 步：选择【对象旋转工具】 ,按住 Shift 键将对象向左旋转调整,使文字正面更加突出,加大文字前平面和侧面的颜色对比,在 3D 面板中选择材质窗口,如图 10-20 所示,设置参数,调整后的效果如图 10-21 所示。

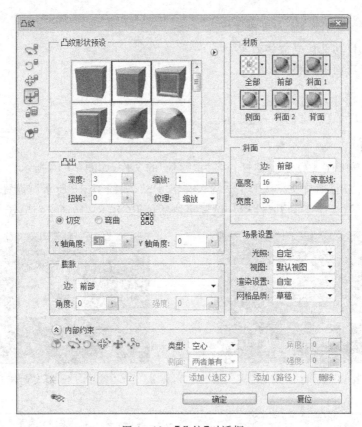

图 10-18 【凸纹】对话框

图 10-19 文字立体效果

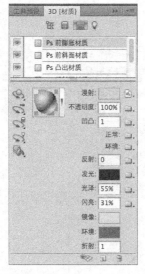

图 10-20　3D 面板　　　　　　　图 10-21　调整后的效果

第 5 步：使用【横排文字工具】输入文字"Photoshop CS5"，设置文字属性如图 10-22 所示，设置字体颜色 RGB(R：246，G：247，B：250)，效果如图 10-23 所示。

图 10-22　【文字工具】属性栏

图 10-23　输入文字"PS"

第 6 步：为文字图层"Photoshop CS5"添加图层样式【投影】效果，颜色设置为蓝色 RGB(R：1，G：12，B：158)，参数如图 10-24 所示。

第 7 步：为文字图层"Photoshop CS5"添加图层样式【斜面和浮雕】效果，颜色设置为蓝色，参数如图 10-25 所示。

第 8 步：设置完成后单击【确定】按钮，完成 3D 文字的制作，图层结构如图 10-26 所示，设计效果图如【二维码 10-1】所示。

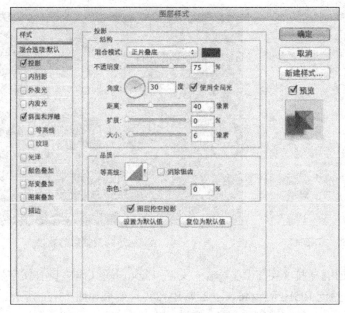

图 10-24 【图层样式】对话框

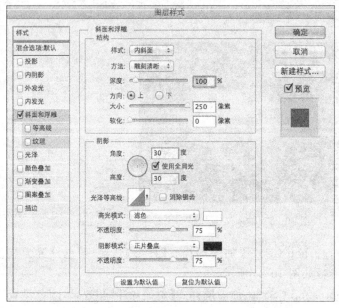

图 10-25 添加【斜面和浮雕】效果

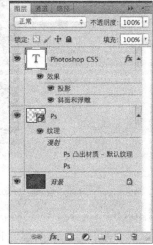

图 10-26 图层结构

10.3.2 任务2的实施:"飘雪动画图"的制作步骤

设计目标

本案例讲解使用帧动画制作飘雪效果,重点在于如何新建帧、图层的显示与帧的联系、添加图层样式使动画更生动。

设计思路

- 添加图层样式。
- 不同的图层位置与对应的帧相关联。
- 制作帧动画。

设计效果

设计效果图如【二维码10-2】所示,制作过程见视频,如【二维码10-3】所示。

操作步骤

第1步:打开素材"雪.psd",如图10-27所示。单击【窗口】,勾选【动画】复选框,打开【动画】面板。

第2步:单击【图层】面板中"帧1"前面的方块,显示"帧1"图层,如图10-28所示。选择【动画】面板中的第1帧,在帧延迟时间下拉列表中选择0.2秒,将循环次数设置为"永远",单击复制所选帧按钮,添加一个动画帧,如图10-29所示。

图10-27 素材"雪"

图10-28 【图层】面板

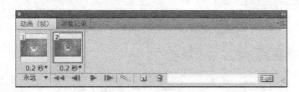
图10-29 添加动画帧

第3步:打开素材"初雪.psd",将"初雪"图层拖动至文档中并与图中的"雪"字对齐,将"初雪"图层放到"雪 副本"图层的下层,如图10-30和图10-31所示。

图 10-30 "雪"图层　　　　　　　　图 10-31　调整图层顺序

第 4 步：在【图层】面板中将图层"帧 1"拖动到新建按钮上，复制"帧 1"图层，命名为"帧 2"，按住 Shift 键并按一下"左"方向键，使该图层向左移动 10 像素，再按住 Shift 键并按一下"下"方向键，使该图层向下移动 10 像素，然后隐藏"帧 1"图层，如图 10-32 和图 10-33 所示。

图 10-32　图层下移　　　　　　　　图 10-33　隐藏图层

第 5 步：在【动画】面板中再添加一个动画帧，如图 10-34 所示。复制"帧 2"图层命名为"帧 3"并向左下方分别移动 10 像素，隐藏"帧 2"图层。打开素材"大雪.psd"拖动至文档中调整到合适的位置，并将图层拖动至"初雪"图层下方，如图 10-35 和图 10-36 所示。

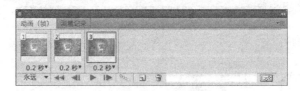

图 10-34　添加动画帧

第 6 步：添加第 4 帧，方法同上，复制"帧 3"图层命名为"帧 4"并用同样方法调整位置。打开素材"雪顶.psd"，将"雪顶"图层拖动至文档中放到合适的位置，将此图层放置在"雪 副本"图层的上一层，如图 10-37 和图 10-38 所示。

图 10-35 "大雪"素材

图 10-36 调整图层

图 10-37 调图层

图 10-38 调整图层"雪顶"

第 7 步：此时动画已基本完成，但为了使动画更加生动自然，我们在帧与帧之间加些过渡。在【动画】面板中选中第 1 帧，按住 Shift 键再单击第 2 帧，使两帧同时被选中，如图 10-39 所示。然后单击【动画】面板下方的【过渡动画帧】按钮，打开【过渡】对话框来设置，单击【确定】按钮，完成过渡，如图 10-40 所示。

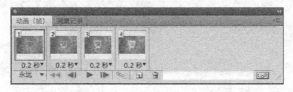
图 10-39 选中两帧

第 8 步：用同样的方法为后面的 3 帧添加过渡帧，完成动画，如图 10-41 所示。

图 10-40 过渡动画帧

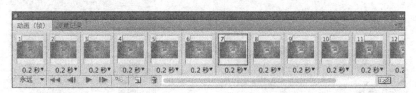

图 10-41 过渡其他帧

第 9 步：按下播放按钮或空格键即可播放动画，执行【文件】|【存储为 Web 和设备所用格式】命令，将动画存储为 GIF 格式，如图 10-42 所示。可在浏览器窗口中查看效果，选择【幻灯片】模式即可。

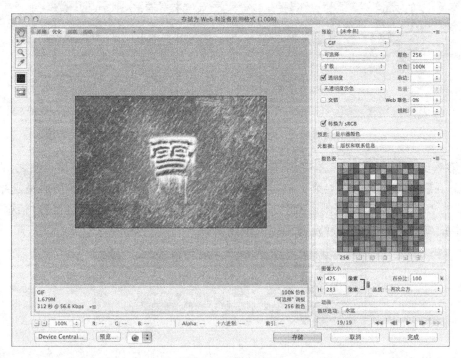

图 10-42 保存动画

10.4 上机实训

实训目的

掌握使用所学的 Photoshop 动画面板知识,制作简单动画。

实训内容

制作"花开富贵"动画片,图片中的花朵慢慢变大,"花开富贵"的字随着花朵的变化而变化大小及颜色,起始帧效果如图 10-43 所示,结束帧效果如图 10-44 所示。

图 10-43　起始帧效果

图 10-44　结束帧效果

实训步骤

第 1 步:打开素材"花朵.png"。

第 2 步:制作花朵的选区,将花朵复制到单独的图层上。

第 3 步:输入文字。

第 4 步:设置花朵和文字在每一帧上的显示位置、大小及颜色。

第 5 步:对动画进行存储,格式为 GIF,命名为"花开富贵"。

项目 11 室内外效果图的后期处理与制作

效果图是在建筑、装饰进行施工之前,设计师根据施工图纸,以计算机作为工具把施工后的实际效果用真实和直观的视图表现出来,让大家能够一目了然地看到施工后的实际效果。

本章主要内容

- 室内户型平面图的制作。
- 夜景效果图的制作。

能力培养目标

要求学生熟练掌握运用 Photoshop CS5 完成室内户型平面图和夜景效果图的后期处理和制作。

11.1 任务导入与问题的提出

11.1.1 任务导入

任务 1:制作室内户型平面图

根据给定的 CAD 户型图,运用 Photoshop 制作室内户型彩色平面图,设计效果图如【二维码 11-1】所示。

任务 2:制作夜景效果图

根据给定的 3ds Max 渲染效果图,运用 Photoshop 制作夜景,设计效果图如【二维码 11-2】所示。

11.1.2 问题与思考

- Photoshop 后期处理有何作用?
- 室内户型平面图的制作要点有哪些?
- 效果图后期处理的技巧和原则有哪些?

11.2 知 识 点

11.2.1 Photoshop 后期处理的作用

后期处理是效果图制作过程的最后一个步骤,它的成功与否直接影响到整个效果图制作的成败。因此,Photoshop 在效果图的后期处理中占有非常重要的作用。

1. 调整图像的色彩和色调

为得到更加清晰、颜色色调更为协调的图像,运用 Photoshop 的【亮度/对比度】、【色相/饱和度】、【曲线】、【色彩平衡】等色彩调整命令对图像进行调整。

2. 修改效果图的缺陷

当制作的场景过于复杂、灯光较多时,渲染得到的效果图难免会出现一些瑕疵或错误,此时可运用 Photoshop 中的修复工具和颜色调整命令修复模型的缺陷。

3. 添加配景

3ds Max 渲染输出的场景较为单调、生硬,可根据场景的实际情况,在 Photoshop 中为效果图添加合适的树木、天空、人物等真实的素材。

4. 制作特殊效果

比如制作夜景、光晕、雪景、雨景、阳光照射效果等,以满足一些特殊效果图的需求。

11.2.2 室内户型平面图的制作要点

为了使购房者清晰、直观地看到新楼盘中户型的结构、布局和功能,需要在 AutoCAD 绘制的户型图基础上运用 Photoshop 进行加工处理。对不同功能的图案进行填充,并添加带有三维效果的家具模块,这样得到的彩色图像更加形象、生动,效果逼真,让人一目了然。

室内户型平面图的制作要点和流程如下:整理 CAD 图样内的线,除了最终文件中需要的线,其他的线和图形都需删除;使用已定义的绘图仪类型将 CAD 图样输出为 EPS 文件;在 Photoshop 中导入 EPS 文件;填充墙体区域;填充地面区域;添加家具模块。

11.2.3 效果图后期处理的技巧和原则

在进行效果图后期处理时,为了表现外部环境,衬托主体建筑,往往会为场景中添加天空、植物、路灯、人物等配景素材。通过主体建筑、环境氛围营造及配景添加,体现出建筑与环境的对称与协调,两者相辅相成、相映成趣。以下是效果图后期处理的技巧和原则。

1. 建筑环境的整体布局

整体布局即场景中各个配景的摆放位置、色彩的搭配等。从构图角度来看,要求场景的构图要在统一中求变化、在变化中求统一。同时应根据场景所要反映的节气及时间进行色彩的搭配、配景素材的选择等。此外,还要注意配景在画面中所占的比重。

2. 配景素材的处理

配景素材是为烘托主体建筑而设的，所以在画面中不能太过突出，要考虑配景素材与画面氛围的协调统一。在使用配景素材时要富于变化但又不至于种类过多，避免素材单调或太过混乱。

3. 环境的整体调整

所有素材添加完毕，通过相应命令调整场景的整体效果。

11.2.4 夜景效果图后期处理的技巧

夜景效果图是各种效果图中效果最绚丽的一种，不在于表现建筑的精确形态和外观，而是要表达建筑物在夜景下的照明设施、形态和整体环境。夜景效果图的处理技巧有以下几个方面。

1. 对渲染图片的调整

进行色调、构图方面的调整，尤其是对夜景下建筑玻璃和室内环境的处理。

2. 为场景添加大的环境背景

通常是为背景填充上一个合适的渐变颜色来表现室外夜景天空的深邃感觉。

3. 为场景添加远景及中景配景

夜晚远处的景物比起日景将会更加得模糊不清，为使场景效果更真实，通常会把添加的辅助建筑、远景树木等配景的不透明度适当降低。同时，中景配景比远景配景稍清晰些，这样符合现实的透视原理。

4. 为场景添加近景、人物等配景

不同位置的人物的明暗程度不同，需根据实际情况妥善处理。

11.3 任务实施步骤

11.3.1 任务 1 的实施："室内户型平面图"的制作步骤

设计目标

综合运用 Photoshop 多项命令和技巧制作"室内户型平面图"。

设计思路

- 从 AutoCAD 将户型图导入 Photoshop 中。
- 通过多项 Photoshop 命令和技巧制作出室内彩色户型平面图。

设计效果

设计效果图如【二维码 11-1】所示。

操作步骤

第 1 步：启动 AutoCAD，选择【文件】|【打开】命令，打开"CAD 户型平面图.jpg"，如

图 11-1 所示。

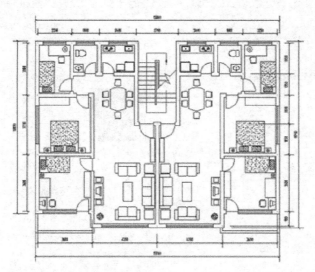

图 11-1　CAD 户型平面图

第 2 步：在 AutoCAD 中执行【文件】|【绘图仪管理器】命令，打开 Plotters 文件夹窗口。双击【添加绘图仪向导】图标，在【添加绘图仪-简介】页面单击【下一步】按钮。在打开的【添加绘图仪-开始】对话框中选择【我的电脑】按钮，单击【下一步】按钮。

第 3 步：选择绘图仪的型号，选择 Adobe 公司的 PostScript Level 2 虚拟打印机，单击【下一步】按钮。在打开的【添加绘图仪-输入 PCP 或 PC2】对话框中单击【下一步】按钮。

第 4 步：选择绘图仪的打印端口，选择【打印到文件】的方式，在打开的【添加绘图仪-绘图仪名称】对话框中默认为 PostScript Level 2（或自定义名称），单击【下一步】按钮。最后单击【完成】按钮，结束绘图仪添加向导，完成绘图仪的添加。

第 5 步：在 0 层中绘制一个比平面图略大的矩形，以确定打印的范围，并确保打印输出的图形大小相同。关闭"尺寸标注""文字"等图层，仅显示"墙体""门窗""楼梯"图层。执行【文件】|【打印】命令，打开【打印-模型】对话框，选择前面添加的 PostScript Level 2.pc3 作为输出设备。

第 6 步：选择"ISO A3(420.00 毫米×297.00 毫米)"作为打印图纸；在【打印范围】列表中选择"窗口"方式，手工指定打印区域；在【打印偏移】选项组中选择【居中打印】，使图形打印在图纸的中间位置；选择【打印比例】选项组中的【布满图纸】选项，使 AutoCAD 自动调整比例打印，使图形布满整个 A3 图纸。

第 7 步：在【打印样式表】下拉列表中选择 monochrome.ctb 颜色打印样式，并在弹出的【问题】对话框中选择【是】按钮，以使所有的颜色图形打印为黑色。在【图形方向】区域选择"横向"选项，使图纸横向方向打印。

第 5～7 步相关参数设置如图 11-2 所示。

第 8 步：单击【打印区域】选项组中的【窗口】按钮，在绘图窗口分别捕捉矩形的两个对角点，指定该矩形区域为打印区域。指定打印区域后，系统自动返回【打印-模型】对话

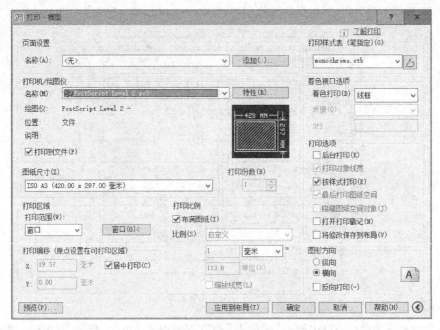

图 11-2 【打印-模型】对话框

框,单击左下角的【预览】按钮,预览打印前的最终打印效果。

第 9 步:单击【打印】按钮开始打印,系统弹出【浏览打印文件】对话框,选择"封装 ps (*.eps)"文件类型并设置文件名为"墙体.eps"。单击【保存】按钮,墙体打印输出完成。

第 10 步:关闭"墙体""门窗"等图层,仅打开"家具"图层。按下 Ctrl+P 组合键,打开【打印-模型】对话框,保持上一次的设置不变,单击【确定】按钮,保存文件名为"家具.eps"。

第 11 步:使用上述方法打印输出"地板.eps"和"标注.eps"文件。

第 12 步:启动 Photoshop,选择【文件】|【打开】命令,打开"墙体.eps"文件,弹出【栅格化通用 EPS 格式】对话框,分辨率设置为 300 像素,如图 11-3 所示。单击【确定】按钮后,得到一个透明背景的位图图像"图层 1",如图 11-4 所示。

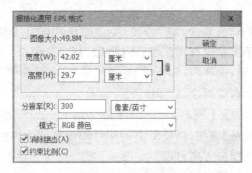

图 11-3 【栅格化通用 EPS 格式】对话框

第 13 步:单击图层面板中的"新建图层"图标 ,得到"图层 2",按 Alt+Delete 组合

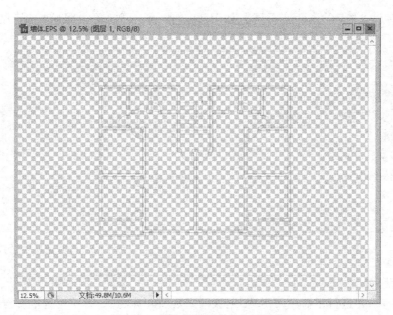

图 11-4 栅格化后得到的位图图像

键将"图层 2"填充为白色,并置于"图层 1"的下方,如图 11-5 所示。双击图层名,将"图层 1"重命名为"墙体",将"图层 2"重命名为"背景"。

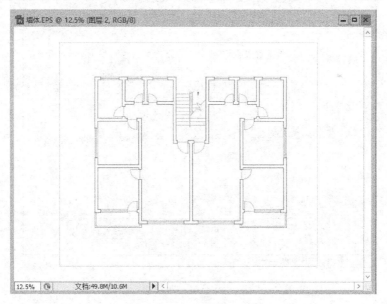

图 11-5 新建图层并填充

第 14 步:为了使"墙体"颜色加深,复制"墙体"图层并将复制得到的图层合并。在"墙体"图层右击,在弹出的快捷菜单上选择【复制图层】,或通过 Ctrl+J 组合键复制,如图 11-6 所示。

第 15 步:单击"背景"图层前的眼睛图标,将该层隐藏,在"墙体"图层右击,在弹出的快捷菜单上选择【合并可见图层】，如图 11-7 所示。再次单击眼睛图标，显示"背景"图层。

图 11-6　复制图层

图 11-7　合并图层

第 16 步：打开"地板.eps""家具.eps"和"标注.eps"文件，按住 Shift 键将它们依次拖动到当前窗口，并进行重命名图层为"地板""家具"和"标注"。为便于选取所需区域，可将"地板""家具"和"标注"图层隐藏。按 Ctrl＋S 组合键，在弹出的对话框中将文件保存为"平面图.psd"，如图 11-8 所示。

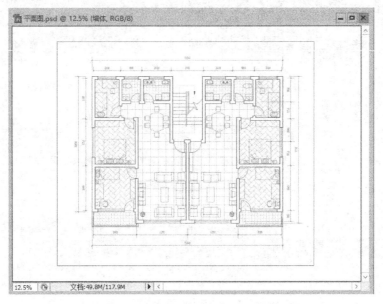
图 11-8　保存为"平面图.psd"文件

第 17 步：新建"墙体填充"图层，单击工具箱中的【魔棒工具】，在"墙体"图层中选择墙体线之间的空白区域，按 Shift 键进行多选，如图 11-9 所示。

第 18 步：选取所有墙体区域后，按 D 键恢复前背景色为默认的黑白色，在"墙体填充"图层中按 Alt＋Delete 组合键，填充墙体为黑色，按 Ctrl＋D 组合键取消选择，墙体的制作完成，如图 11-10 所示。

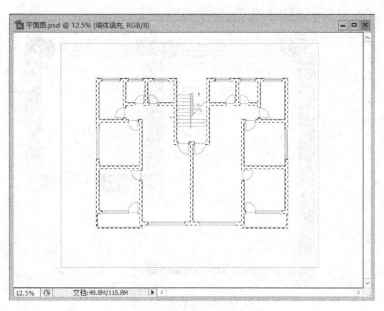

图 11-9　【魔棒工具】选取墙体区域

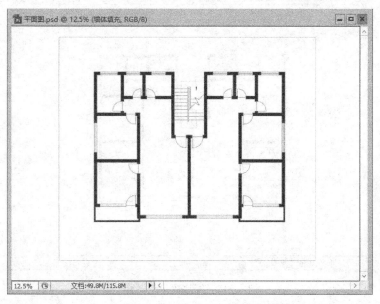

图 11-10　完成墙体的制作

第 19 步：新建"窗户填充"图层，设置前景色为青色，在"墙体"图层中用【魔棒工具】选择窗户区域，按 Shift 键进行多选，如图 11-11 所示。全部选择后在"窗户填充"图层按 Alt＋Delete 组合键填充前景色，按 Ctrl＋D 组合键取消选择，完成窗户的制作，如图 11-12 所示。

第 20 步：选择【文件】|【打开】命令，打开"项目 11"/"任务 1"文件夹中"客厅地砖.jpg"素材，将"客厅地砖.jpg"拖入到当前窗口中，作为客厅的地板。用【魔棒工具】选取客厅区域，进行适当调整，显示"地面"图层。

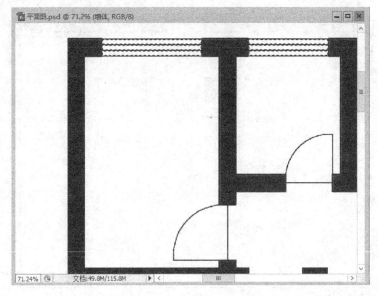

图 11-11　选取窗户区域

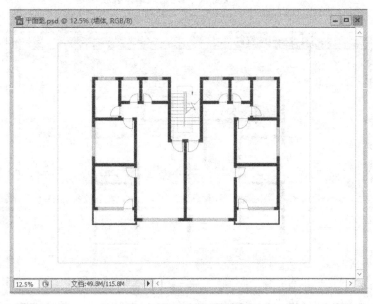

图 11-12　完成窗户的制作

第 21 步：复制"客厅地板"图层得到"客厅地板副本"，按 Ctrl＋T 组合键对其进行选区变换，右击选择"水平翻转"，将其移动得到如图 11-13 所示效果。

第 22 步：按上述方法分别选用"木地板.jpg""厨房、厕所、阳台地砖.jpg""楼梯地板.jpg"素材，完成所有区域的地面制作，得到如图 11-14 所示效果。

第 23 步：显示"家具"图层，以帮助定位家具位置和尺寸大小。打开"项目 11"/"任务 1"中"家具图块.psd"文件，如图 11-15 所示。将沙发、电视、床、植物等拖入场景中，调整位置和大小，隐藏"家具"图层，得到如图 11-16 所示效果。

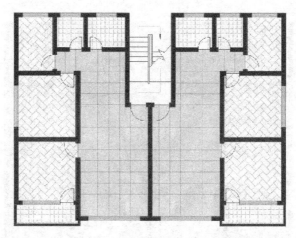

图 11-13　制作客厅地板

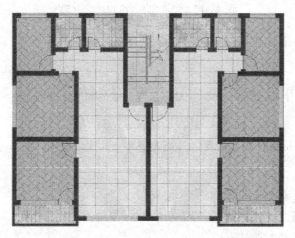

图 11-14　完成所有地面的制作

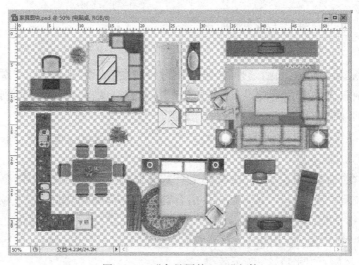

图 11-15　"家具图块.psd"文件

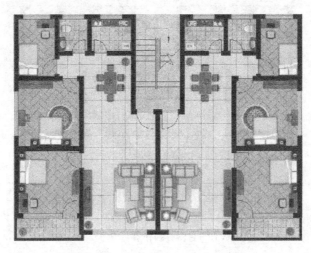

图 11-16　加入家具、植物后的效果

第 24 步：运用工具调整细节，显示"标注"图层，得到最终效果，设计效果图如【二维码 11-1】所示。

11.3.2　任务 2 的实施："夜景效果图"的制作步骤

设计目标

综合运用 Photoshop 多项命令和技巧制作"夜景效果图"。

设计思路

- 通过材质通道图分离、添加天空背景。
- 运用【图像】|【调整】菜单下的各项命令修饰建筑。
- 添加马路和树木素材等。

设计效果

设计效果图如【二维码 11-2】所示。

操作步骤

第 1 步：启动 Photoshop，选择【文件】|【打开】命令，选择"项目 11"/"素材"文件夹中的"3ds Max 渲染效果图.jpg"文件，单击【确定】按钮打开文件，如图 11-17 所示。双击"背景"图层，在弹出的对话框中命名为"建筑"图层。

第 2 步：继续打开"材质通道图.jpg"文件，如图 11-18 所示，命名为"通道"图层，并置于"建筑"图层的上方。

第 3 步：在"通道"图层中单击【魔棒工具】，选取天空背景区域，切换至"建筑"图层，按 Delete 键将天空背景删除，按 Ctrl+D 组合键将选区消除，如图 11-19 所示效果。

第 4 步：打开"天空.jpg"素材，按住 Shift 键将"天空"素材拖动到当前操作窗口，命名为"天空"，并置于"建筑"图层下方，可根据需要按 Ctrl+T 组合键进行适当调整，使之布满整个天空区域，如图 11-20 所示效果。

图 11-17 打开的"3ds Max 渲染效果图"图像文件

图 11-18 材质通道图

图 11-19 删除天空背景后的效果

第 5 步：在"通道"图层下单击【魔棒工具】，选取天空和水面，通过右击选择"反相"，得到建筑选区，如图 11-21 所示。切换至"建筑"图层，按 Ctrl＋J 组合键复制图层，命名为"建筑 1"图层。

图 11-20 添加天空背景后的效果

图 11-21 选取建筑选区

第6步：选择【图像】|【调整】|【亮度/对比度】命令，在弹出的【亮度/对比度】对话框中设置相应的参数，如图11-22所示。

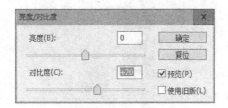

图11-22 【亮度/对比度】对话框

第7步：选择【图像】|【调整】|【色彩平衡】命令，在弹出的【色彩平衡】对话框中设置相应的参数，如图11-23所示。

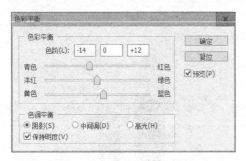 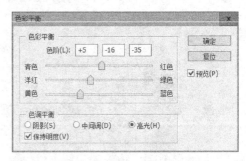

图11-23 【色彩平衡】对话框

第8步：相应参数设置完成后，单击【确定】按钮，得到调整后的整体效果，如图11-24所示。

第9步：在"通道"图层下单击【魔棒工具】，选取建筑顶上的光照区域，如图11-25所示。

图11-24 色调调整后的效果　　　　　图11-25 载入建筑顶层光照区域

第10步：返回"建筑"图层，单击图层面板底部的"创建新的填充或调整图层"按钮，选择【色彩平衡】选项，创建"色彩平衡"调整图层，置于"建筑1"图层之上，并在弹出的【色彩平衡】对话框中设置相应的参数，如图 11-26 和图 11-27 所示。（此种运用【色彩平衡】命令调整色调的方法较之第一种更为方便且可修改。）

图 11-26　创建"色彩平衡"图层

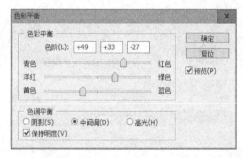 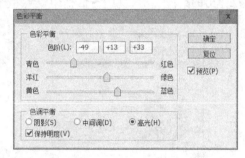

图 11-27　设置【色彩平衡】参数

第11步：相应的参数设置完成后，单击【确定】按钮，得到调整后的整体效果，对比图如图 11-28 所示。

图 11-28　调整建筑顶层光照区域后的效果对比

第12步：在"通道"图层下单击【魔棒工具】，选取如图11-29所示的光照区域。

图11-29 载入光照区域

第13步：返回"建筑"图层，单击图层面板底部的【创建新的填充或调整图层】按钮，选择【亮度】|【对比度】选项，创建"亮度/对比度"调整图层，置于"建筑1"图层之上，并在弹出的【亮度/对比度】对话框中设置相应参数，如图11-30和图11-31所示。

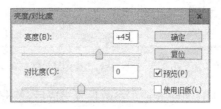

图11-30 创建"亮度/对比度"图层　　　　图11-31 【亮度/对比度】参数设置

第14步：相应的参数设置完成后，单击【确定】按钮，得到调整后的整体效果，对比图如图11-32所示。

图11-32 增强亮度后的效果对比

第15步：选择【文件】|【打开】命令，打开"马路.psd"素材，如图11-33所示。

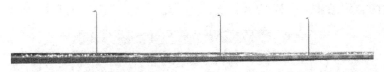

图 11-33 "马路"素材

第 16 步:将"马路"素材拖动至当前操作窗口,按 Ctrl+T 组合键调整大小和位置,如图 11-34 所示。

图 11-34 添加"马路"素材后的效果

第 17 步:选择【文件】|【打开】命令,打开"树木.psd"素材,如图 11-35 所示。

图 11-35 "树木"素材

第 18 步:将"树木"素材拖动至当前操作窗口,按 Ctrl+T 组合键调整大小和位置,如图 11-36 所示。

图 11-36 调整"树木"素材

第 19 步:选择【图像】|【调整】|【色相/饱和度】命令,在弹出的【色相/饱和度】对话框

中设置相应的参数,如图 11-37 所示。

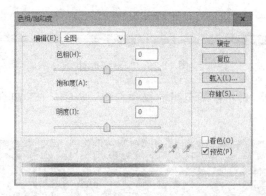

图 11-37 【色相/饱和度】参数设置

第 20 步:单击【确定】按钮,得到降低明度后的效果如图 11-38 所示。

图 11-38 降低明度后的效果

第 21 步:进行相应调整后得到最终设计效果图如【二维码 11-2】所示,存为"夜景效果图.psd"文件。

11.4 上机实训

11.4.1 实训 1:制作小区室内户型图

实训目的

掌握将 CAD 平面户型图制作为彩色户型图的步骤和方法。

实训内容

将 CAD 平面户型图制作为彩色户型图,设计效果图如【二维码 11-3】所示。

实训步骤

第 1 步:在 AutoCAD 中打开"项目 11"/"素材"文件夹中的"CAD 平面户型图"。

第 2 步:添加 PostScript Level 2 绘图仪,仅显示"墙体"图层,执行【文件】|【打印】命令,在【打印-模型】对话框中设置相应的参数,打印输出"墙体.eps"文件。

第 3 步:使用上述方法打印输出"家具.eps""地板.eps"和"标注.eps"文件。

第 4 步：在 Photoshop 中打开"墙体.eps"文件，将图形文件进行栅格化后重命名为"墙体"图层，并新建图层填充白色背景。复制"墙体"图层并合并，以使"墙体"颜色加深。

第 5 步：打开"地板.eps""家具.eps"和"标注.eps"文件，按住 Shift 键将它们依次拖动到当前窗口，并进行重命名图层为"地板""家具"和"标注"，保存文件为"平面图.psd"。

第 6 步：新建"墙体填充"图层，使用【魔棒工具】在"墙体"图层中选择墙体线之间的空白区域，按 Shift 键进行多选并填充为黑色，按 Ctrl＋D 组合键取消选择，墙体的制作完成。

第 7 步：新建"窗户填充"图层，使用【魔棒工具】选择窗户区域填充青色，按 Ctrl＋D 组合键取消选择，完成窗户的制作。

第 8 步：打开"地砖.jpg"素材，将其拖入到当前窗口中，并进行适当调整得到客厅地板。

第 9 步：按上述方法分别选用"地板.jpg""卫生间地砖.jpg""色丽石.jpg"素材，完成所有区域的地面制作。

第 10 步：显示"家具"图层，以帮助定位家具位置和尺寸大小。打开"家具图块.psd"文件。将沙发、电视、床、植物等拖入场景中，调整位置和大小，隐藏"家具"图层。

第 11 步：调整细节，显示"标注"图层，得到最终效果。

11.4.2 实训 2: 制作别墅效果图

实训目的
掌握将别墅渲染图制作为别墅效果图的步骤和方法。

实训内容
将别墅 3D 渲染图制作为设计效果图，如【二维码 11-4】所示。

实训步骤
第 1 步：在 Photoshop 中打开"项目 11"/"素材"文件夹中的"别墅 3D 渲染图.jpg"和"材质通道图.jpg"，并分别命名为"建筑"和"通道"图层，"通道"图层在"建筑"图层之上。

第 2 步：使用【魔棒工具】选取天空背景区域，将天空背景删除。新建"天空"图层，置于"建筑"图层下方，填充背景白色。设置前景色为蓝色，使用【渐变工具】从上而下拉伸渐变，得到天空背景。

第 3 步：分别打开"远景树木.psd""中景树木.psd"和"近景树木.psd"素材，拖入到当前窗口中，并自由变换添加完成远景、中景和近景树木。

第 4 步：分别打开"草地.psd""人物.psd"素材，拖入到当前窗口中，并自由变换添加完成草地和人物。

第 5 步：执行【图像】|【调整】菜单下的各项命令，设置相应的参数，完成别墅的修饰，得到最终效果。

参 考 文 献

[1] 乔保军.中文版 Adobe Photoshop 教程[M].北京：清华大学出版社,2012.
[2] 李晓静.Photoshop 图形图像处理[M].北京：清华大学出版社,2014.
[3] 李敏.中文版 Photoshop CS5 案例与实训教程[M].北京：机械工业出版社,2013.
[4] 许梦阳.Photoshop 平面设计实用教程[M].北京：清华大学出版社,2014.
[5] 胡晓霞.Photoshop CS5 基础与案例教程[M].北京：机械工业出版社,2012.
[6] 欧君才.Photoshop CS5 平面设计[M].北京：北京航空航天大学出版社,2014.
[7] 高晓燕.Photoshop 图像处理案例教程[M].北京：清华大学出版社,2014.